玫瑰全书
All About Rose

吕影 主编

吉林美术出版社 | 全国百佳图书出版单位

图书在版编目（CIP）数据

玫瑰全书 / 吕影主编. -- 长春 : 吉林美术出版社, 2025. 5. -- ISBN 978-7-5575-9678-1

Ⅰ. S685.12

中国国家版本馆CIP数据核字第20251WQ803号

玫瑰全书

MEIGUI QUAN SHU

主　　编　吕影
责任编辑　王超
美术编辑　张金玲
助理编辑　李冰
封面设计　刘乐
版式设计　王一晴
项目统筹　吉林美术出版社　远涉文化
项目策划　王超　林己情　罗婷婷
营销推广　杨洋　李杨
开　　本　889mm×1194mm　1/16
印　　张　25
字　　数　250千字
版　　次　2025年5月第1版
印　　次　2025年5月第1次印刷

出版发行　吉林美术出版社
地　　址　长春市净月开发区福祉大路5788号
印　　刷　雅昌文化（集团）有限公司

ISBN 978-7-5575-9678-1
定价：298.00元

前言

All About Rose

在花卉的大千世界中，玫瑰无疑占据着极为独特的位置。它不仅以其娇艳的姿态、馥郁的芬芳俘获人心，更在人类历史的长河中，被赋予了无尽的情感与象征意义，成为爱、美、激情与浪漫的使者。《玫瑰全书》正是一本致力于全面展现玫瑰魅力的诚意之作。

本书开篇为读者精心梳理了关于玫瑰的科普知识，从玫瑰的植物学特征到玫瑰的发展史，再到其在历史文化中的深厚底蕴，涵盖了不同国家、不同时期人们对玫瑰的解读。本书的介绍深入浅出，将引领读者穿梭于玫瑰的微观世界与宏观历史中，助力大家透彻洞悉这一花卉的迷人奥秘。

全书的核心部分是对 520 个玫瑰品种的图文详解。为了便于读者探索绚丽多彩的玫瑰王国，我们按照颜色对这些玫瑰品种进行了系统分类。从温柔婉约的粉色系到明快活泼的黄色系，从清新淡雅的白色系到神秘高贵的紫色系……每一种颜色分类下的玫瑰都各有风姿，各有内涵。读者可以跟随书页的翻动，领略不同玫瑰的独特花型、花瓣质地、色彩层次变化，仿佛置身于一座如诗如画的玫瑰花园。

细心的读者可能会发现，本书中除了有玫瑰，还囊括了月季和蔷薇。这并非是我们将三者弄混淆，而是基于三者在植物学上千丝万缕的联系。玫瑰、月季和蔷薇同属蔷薇科蔷薇属植物，它们在形态特征、生长习性上存在诸多相似之处。在长期的园艺栽培和品种演化过程中，三者相互杂交、基因交融，界限愈发模糊。在实际应用中，三者也常常被统称为“玫瑰”。因此，为了给读者呈现一个更为完整、全面的蔷薇属花卉知识体系，我们将月季和蔷薇纳入本书范畴。希望读者在阅读过程中，能够透过它们的共性与个性，领略蔷薇属花卉的独特魅力。

值得一提的是，本书收录了花卉图谱画家皮埃尔 - 约瑟夫·雷杜德（Pierre-Joseph Redouté）的 169 幅玫瑰画作，这位一生只画植物的大师，以细腻的笔触和对色彩的精妙把控，赋予每一朵玫瑰独特的生命力。而在这 169 种玫瑰中，有很多品种在岁月的变迁中已经逐渐消失，如今，我们唯有翻开书页，方能一睹它们昔日的绝代风华。

玫瑰的魅力在于它既是科学研究的标本，又是情感的载体。翻开《玫瑰全书》，让我们一同踏入玫瑰的奇幻世界，去发现、去热爱、去珍藏那些被玫瑰点亮的美好瞬间，让生活因玫瑰而变得更加绚丽多彩。

目录

粉玫瑰

黄玫瑰

红玫瑰

白玫瑰

绿玫瑰

紫玫瑰

橙玫瑰

玫瑰的植株

花蕾
花托
花萼
花
玫瑰花多单生于叶腋，花柄通常较短。
花苞
托叶
叶
玫瑰的叶通常为椭圆形或倒卵形，为羽状复叶，小叶的数量通常为5~9片。在叶柄和叶轴部位多长有稀疏的小刺，托叶大部分与叶柄连接。
果实
成熟的玫瑰果实多为砖红色，呈扁球状，直径2~2.5厘米。
皮刺
茎
玫瑰的茎一般比较粗壮，小枝密，上面长有皮刺，可以保护茎部免受外界的伤害。

玫瑰花的构成

玫瑰的生长过程

1

种子发芽：在适宜的温度和湿度条件下，种子会吸收水分，然后破裂发芽。

2

幼苗生长：种子发芽后，形成幼苗。幼苗的生长需要充足的阳光、水分和营养物质。

3

生长期：这一时期根和茎继续生长，花苞开始形成。

4

花苞形成：这一时期玫瑰花的花苞逐渐形成，并越来越大。

5

开花期：这一时期，花蕾绽放为美丽的花朵。

6

结果期：花瓣飘落后，玫瑰结出果实。

玫瑰的常见花型

单瓣型

花瓣一般有 5 片，在同一平面内开放。

莲座型

许多花瓣重叠在一起，呈圆形放射状开放。

四分莲座型

中央的花瓣看起来像分了 4 份的花型。

杯型

外侧花瓣向内紧密地包裹住内侧花瓣的花型。

半重瓣型

花瓣数量 6~25 片，直到花朵完全盛开才能看到花蕊。

剑瓣高芯型

外侧的花瓣边缘翻卷，形成像剑一样尖锐的形状，中心部分突出。

半剑瓣高芯型

中心部分突出，但花瓣翻卷得不那么厉害。

重瓣型

花瓣数量比较多，花瓣层数在两轮以上。

绒球型

小小的花瓣密集地开放，花型圆润、饱满。

平开型

花瓣比较舒展，线条流畅。

球型

俗称“包子型”，花瓣向内弯曲包裹住花蕊，整体状似圆球。

玫瑰的历史

玫瑰的历史可以追溯到人类出现以前。这一古老而迷人的花卉，从远古走来，历经岁月的洗礼，在人类文明的长河中留下了深刻的印记。从植物分类学意义上说，玫瑰、月季和蔷薇为蔷薇属中的不同种植物，它们的亲缘关系很近，在发展过程中相互关联，相互影响，共同构成了蔷薇属植物丰富的历史和文化内涵。

野生玫瑰起源

在我国辽宁抚顺地区和北美洲，人们都发现了距今约 4000 万年的蔷薇叶化石。这在一定程度上表明，在始新世时期，蔷薇属植物很可能已遍布北半球。

始新世时期

（约5500万年前—3370万年前）

中新世时期

（约 2380 万年前—532 万年前）

1940 年于我国山东山旺古植物区发现的两种蔷薇叶化石，属于中新世，距今约 2000 万年，其叶片特征与现在的玫瑰相似。

古文明的玫瑰印记

约公元前 5000 年—公元前 3000 年

作为观赏植物，蔷薇属植物走入人类的视野可以追溯到约 7000 年前，人们在仰韶文化的庙底沟类型遗址中发现了大量器物，其中陶器上就绘有蔷薇属植物的纹样。这说明远在几千年前的黄河一带就有蔷薇属植物分布，并融入了古代先人们的生活之中。

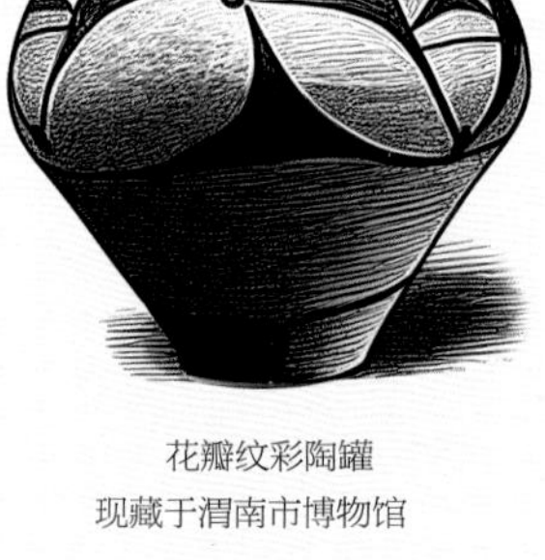

花瓣纹彩陶罐
现藏于渭南市博物馆

玫瑰在古埃及文化中具有极高的地位，被视为神圣的象征，常出现在宗教仪式和法老的陵墓中，用于制作花环和装饰。

约公元前 3000 年

希腊克里特岛米诺斯古文明的蓝鸟壁画中出现的花卉，被部分学者认为是野生蔷薇，但这种说法存在争议，也有学者认为画中的花瓣形态更接近银莲花。

约公元前 2850 年—公元前 1450 年

公元前 5 世纪—公元 5 世纪

古希腊和古罗马人已广泛种植玫瑰，并将玫瑰用于宗教仪式、庆典活动中，同时也用于制作香水、精油和花环等。

很多学者认为，在中国的汉代（公元前 206 年—公元 220 年），野生蔷薇已作为观赏植物在宫墙边广泛种植，《西京杂记》中便记载了汉代的乐游苑中种植了玫瑰树。也有学者认为这里记载的“玫瑰树”并不是后人认知中的玫瑰，而只是外观与“玫瑰”玉石的质地或色泽相似的树。

古代栽培与应用

公元 5 世纪—公元 15 世纪

在斯特凡·洛赫纳（Stefan Lochner）的这幅崇尚奉献的《玫瑰亭中的圣母》中，玫瑰的象征意义得到完美体现。

中世纪时期，蔷薇在欧洲广泛栽培，用于药用和装饰，其中就有大名鼎鼎的大马士革蔷薇；文艺复兴时期，蔷薇的栽培和育种得到了进一步发展。

玫瑰在欧洲中世纪的宗教艺术和文学作品中具有重要地位，许多教堂的壁画和雕刻中都有玫瑰的图案。

公元 5 世纪—公元 18 世纪

到了唐代（公元 618 年—公元 907 年），蔷薇已成为一种广泛栽培的观赏花卉，当时的中国先民也被公认为蔷薇种植专家。李德裕的《平泉山居草木记》中记载了“百叶蔷薇”和“重台蔷薇”，表明在唐代，会稽（今浙江一带）等地已成功培育出百叶蔷薇、重台蔷薇等重瓣蔷薇品种，也表明当时存在植物的引种交流活动，人们已经掌握了一定的植物移栽技术。

宋明时期（公元 960 年—1644 年），出现了规模化的月季品种选育，并于明朝时期达到巅峰。王象晋（1561 年—1653 年，明代园艺学家）在其著作《群芳谱》中记载了当时中国栽培的 100 余种月季。

17 世纪，莫卧儿帝国的沙贾汗皇帝以红色蔷薇作为皇室象征，为其爱侣蒙泰姬建造的泰姬·玛哈尔陵（泰姬陵）的墙壁上有许多蔷薇图案。

近现代玫瑰的诞生

18 世纪末—19 世纪初

中国的月季传入欧洲，与欧洲本土玫瑰杂交，培育出了许多新的玫瑰品种，这些新品种具有更丰富的花色、花型和更浓郁的香气，极大地丰富了玫瑰的品种资源。1867 年，法国育种家让·巴蒂斯特·吉约特 (Jean Baptiste Guillot) 培育出了世界上第一个杂交茶香月季品种“法兰西”（La France），这就是现代月季的开端。

19 世纪—20 世纪

19 世纪以来，玫瑰的商业种植逐渐兴起，众多育种公司也随之不断发展和壮大，在各自的国家乃至全球都拥有广泛的影响力，其中包括法国的吉洛、玫昂国际、戴尔巴德，德国的科德斯、丹陶，英国的大卫·奥斯汀等。

当代玫瑰的多元化发展

20 世纪以来，玫瑰在全球范围内广泛种植，荷兰、哥伦比亚、肯尼亚等国家成为重要的玫瑰鲜切花出口国，玫瑰鲜切花产业成为全球性的产业。

玫瑰作为我国云南花卉产业的重要组成部分，在种植面积、产量和产值等方面在我国都占据着重要地位，并形成了较为完备的全产业链体系，在国内外市场上具有较强的竞争力。随着现代园艺技术的不断发展，科研人员通过杂交、基因编辑等手段，培育出了数以万计的玫瑰品种，满足了人们的不同审美需求和应用需求。

All About Rose

粉玫瑰的花语：温柔的爱。

粉玫瑰

温柔与浪漫

Burnet Rose hybrid

重瓣芹叶蔷薇

布尔索重瓣蔷薇

休氏粉晕香水月季花朵硕大，
浅粉色的花瓣具有丝绸般的质感，
上面带有浅浅的粉晕。

休氏粉晕香水月季

【英 文 名】Hume's Blush Tea-scented China

【原 产 地】中国

【花　　型】重瓣

【香　　型】浓香

【开 花 性】多季开花

休氏粉晕香水月季是一种古老的中国香水月季，是最早被传到国外的中国名种之一。1809 年，从中国漂洋过海传到欧洲的休氏粉晕香水月季首次开花，一开花便震动整个欧洲。爱花如命的约瑟芬皇后得知这个消息后，立刻将这种花从英国引进到了她的玫瑰花园之中。

知识链接

我们今天在花店所见到的大部分玫瑰花，在植物分类学中的名称应为"杂交茶香月季"，英文为Hybrid Tea Rose，简称HT Rose，统称"现代月季"。现代月季"茶香"的源头之一就是休氏粉晕香水月季。

让英法两国暂且休战的一株花

据说，约瑟芬皇后运输休氏粉晕香水月季回法国期间，英法两国正处于海战之中，为了尽快在她的玫瑰园中种上休氏粉晕香水月季，约瑟芬皇后竟让御用信使拿着特别通行证，下令让正处于激战中的法国战舰暂时停止发射炮弹，出于对她的敬意，英国战舰也停止了战斗。就这样，那艘从英国出发负责运输休氏粉晕香水月季的船顺利通过了英吉利海峡。

如何区分玫瑰、蔷薇和月季？

玫瑰、蔷薇和月季是蔷薇属植物中名副其实的姊妹花，由于亲缘关系较近，在外观上有很多相似之处，因而在生活中，常常让人分不清楚。而在西方文化中，“rose”一词包含了玫瑰、蔷薇和月季等多种蔷薇属植物，当西方文化传入我国后，人们常将“rose”翻译为“玫瑰”，导致在日常用语中，人们对这三种花的概念也容易混淆。不过，只要我们仔细观察，从植株的各个部位入手，就不难发现，玫瑰、蔷薇和月季在形态上其实存在着诸多显著差异。

玫瑰

【拉丁学名】*Rosa rugosa*

蔷薇

【拉丁学名】*Rosa multiflora*

茎上有较大的皮刺并混生小刺毛，刺可随外皮剥离。

茎上有密集的、不易随外皮剥离的细硬的刺。

月季

【拉丁学名】*Rosa chinensis*

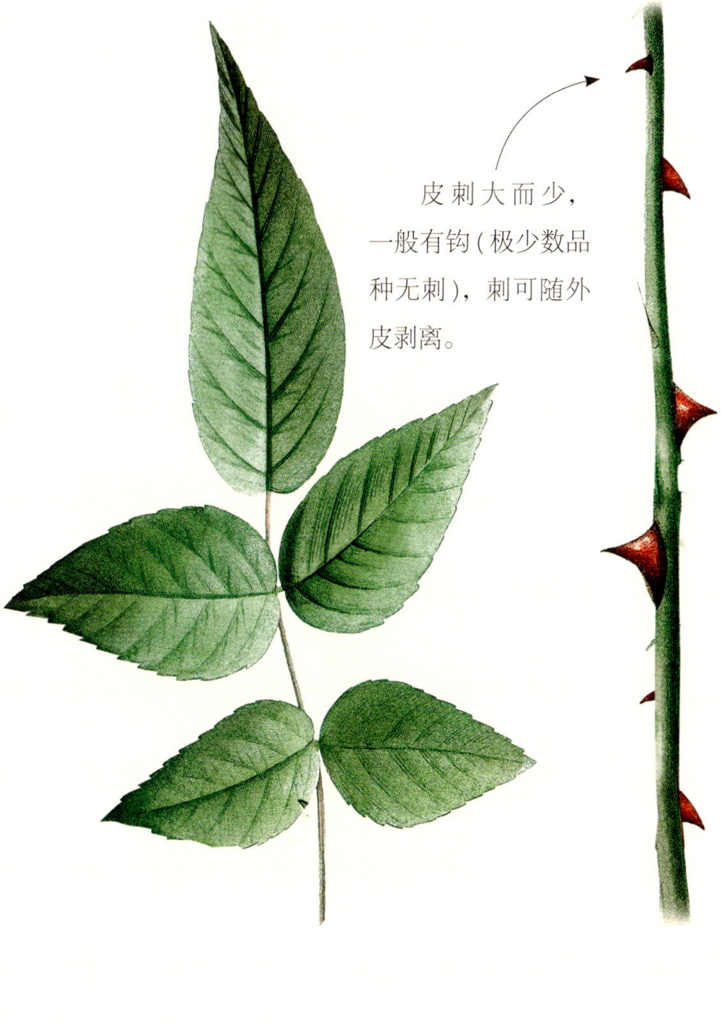

区别 1：枝条不同。

玫瑰的枝条通常是直立生长的，与蔷薇和月季相比，茎干更粗壮，且上面有毛刺。蔷薇一般是蔓生或攀缘生长的，枝条又细又长。月季的枝条通常也是直立生长的，茎干矮小，新长出来的枝条多为紫红色。

区别 2：刺不同。

玫瑰的刺非常硬，不易折下来；月季和蔷薇的刺较易折下。

区别 3：叶不同。

玫瑰、蔷薇和月季的叶均为羽状复叶，但其小叶的数量与形态不同。玫瑰的小叶一般为5~9片，叶片质地厚实，叶脉凹陷明显，叶片下面发皱，背面有一层白霜似的柔毛；蔷薇的小叶数量一般为5~9片，叶片偏细长，叶缘有齿，叶两面有柔毛；月季的小叶数量较少，一般为3~5片，叶片油亮，平展光滑。

区别 4：花朵不同。

一般来说，月季的花朵最大，蔷薇的花朵最小。玫瑰通常为单生或数朵聚生于叶腋，花柄短，花瓣平展；蔷薇通常为6~7朵簇生，花朵较小，为圆锥状伞房花序；月季通常为单花顶生，也有数朵簇生的，少数集成松散的伞房花序，花柄长。三者相比，月季的花色最多，香气最淡；玫瑰的花色较少，一般为紫红色、粉红色及白色，但香气最浓。

区别 5：花期不同。

通常情况下，玫瑰和蔷薇的花期每年只有一次，在夏季开放，而月季的花期长，可多季重复开花，且单花花期长，有的可长达10~12天。所以，月季又被人们称为“月月红”“长春花”等。

玫瑰的食用和药用价值最高，玫瑰花茶、玫瑰花饼大部分都是以玫瑰为原材料制作的，此外，玫瑰还多用于制作玫瑰精油、香料、香薰等产品。蔷薇花小，多为藤本，所以常被用于庭院围墙、栅栏、花架、拱门等的垂直绿化，能形成美丽的花墙、花篱。因为月季品种繁多，花色丰富，花型多样，而且花期较长，所以我们在花店里、公园里常见到的多为月季。

柳叶月季

【拉丁学名】*Rosa chinensis* var. *longifolia*

【花　　型】半重瓣

【开 花 性】多季开花

花瓣细长，有几片短小的内瓣围在花蕊周围。

柳叶月季的叶片瘦长，很像柳叶。

银莲花百叶蔷薇外瓣宽而长，内瓣细而短，花型似银莲花。

它的雌蕊呈青绿色。

银莲花百叶蔷薇

【拉丁学名】*Rosa centifolia* ‘Anemonoides’

【原 产 地】欧洲

【花　　型】重瓣

【香　　型】淡香

【开 花 性】一季开花

重瓣桃花蔷薇

【拉丁学名】*Rosa majalis* Foecundissima

【花　　型】重瓣

【香　　型】淡香

【开 花 性】一季开花

重瓣桃花蔷薇出现于 1583 年左右，是桂味蔷薇（***Rosa majalis***）的重瓣品种之一。花朵大而艳丽，枝蔓优美，是极佳的景观品种。

它的花色与桃花极像，花瓣层次丰富，花朵中心呈“纽扣眼”状紧密排列。

知识链接

桂味蔷薇是蔷薇属下的一个大组。它之所以得名桂味蔷薇，一是因为有人认为其叶片具有独特的气味，二是因为有人认为它的叶片经过发酵后可作为肉桂的替代物，三是因为有人认为它的茎的颜色与肉桂的颜色十分相似。

Variety of Cabbage Rose

百叶蔷薇

德莫苔蔷薇

法国条纹蔷薇

【拉丁学名】*Rosa gallica* Versicolor

【花　　型】重瓣

【香　　型】浓香

【开 花 性】一季开花

法国条纹蔷薇是重瓣法国蔷薇的芽变品种。

重瓣法国蔷薇

重瓣法国蔷薇又被称为“药剂师蔷薇”，因为它是西方医药中使用最多的蔷薇。

法国条纹蔷薇的标志性特征是花瓣呈条纹状，这在蔷薇属植物中相当罕见。一些现代品种如抓破美人脸、红色直觉、果汁飞溅等也继承了这个鲜明的特点。

抓破美人脸

红色直觉

果汁飞溅

弗吉尼亚蔷薇

【拉丁学名】*Rosa virginiana*

【原 产 地】北美洲

【花　　型】单瓣

【香　　型】淡香

【开 花 性】一季开花

弗吉尼亚蔷薇的适应性极强，在贫瘠的土壤中也能生长良好。

弗吉尼亚蔷薇的花朵呈粉红色，是北美洲原产的最美丽的蔷薇之一。一到秋天，弗吉尼亚蔷薇的枝叶就会变为紫红色，在秋日中显得格外醒目。

与其他的野生蔷薇不同，弗吉尼亚蔷薇不会长得过于巨大，因此更加适合种植在小型和中型花园中。

弗吉尼亚蔷薇的枝条柔软，近乎无刺。

鼻甲蔷薇的花瓣上有粉晕。

鼻甲蔷薇株高在 1 米以下，分枝较多，枝上有小皮刺。

鼻甲蔷薇

【拉丁学名】*Rosa ×Francofurtuana*

【原 产 地】德国

【花　　型】半重瓣 / 重瓣

【香　　型】淡香

【开 花 性】一季开花

鼻甲蔷薇因花萼至萼筒末端逐渐收缩，呈鼻甲状而得名。但可惜的是，这种蔷薇很可能已经绝迹。

Tips

普遍的说法认为鼻甲蔷薇是著名植物学家查尔斯·德·莱克吕斯于 1583 年在德国的法兰克福发现的，故这种蔷薇又被称为法兰克福蔷薇。

草原蔷薇

【拉丁学名】*Rosa setigera*

【英 文 名】Prairie Rose

【花　　型】单瓣

【开 花 性】一季开花

这是一个原产于北美洲的野生品种，具有极强的抗旱能力。它的花有浅粉色的、玫瑰红色的和白色的，但白色的比较少见。

苹果蔷薇

【拉丁学名】*Rosa villosa*

【英 文 名】Apple Rose

【花　　型】单瓣

【香　　型】淡香

【开 花 性】一季开花

苹果蔷薇由于有着近似苹果的清香而得名。它植株高1.2~1.8米，枝繁叶茂，多于每年的春夏时节开花。

苹果蔷薇的花与果实都有很强的装饰作用。

意大利重瓣苔蔷薇

【拉丁学名】*Rosa centifolia*'Muscosa'

【原 产 地】意大利

【花　　型】重瓣

【香　　型】浓香

【开 花 性】一季开花

意大利重瓣苔蔷薇因最早被发现于意大利而得名，为一个重瓣苔蔷薇品种。

重瓣苔蔷薇分枝较多，叶片较大，花香浓郁，花瓣众多，具有苔藓状腺毛的特点在它的身上得到了很好的体现。

意大利人其实自古罗马时期就已经开始种植玫瑰，而且将玫瑰引入到了日常生活中。

知识链接

在古罗马，玫瑰除了象征爱情与美丽，还代表着勇气与奢华。在罗马共和国时期，玫瑰体现着对崇高道德和功勋的奖励，士兵们上战场前，都会在铠甲和装备上饰以玫瑰；而到了古罗马衰败时期，玫瑰却变成了使豪门贵族倾家荡产的奢侈品。那时，人们开设了玫瑰交易所，里面有专职从事玫瑰交易的经纪人，甚至还产生了一个专门编制玫瑰花环的行业。

粉色绝代佳人

【英 文 名】Pink Knock Out

【原 产 地】法国

【香　　型】淡香

【开 花 性】多季开花

粉色绝代佳人为绝代佳人的芽变品种，花色为娇嫩的粉色，中心还有金黄色的雄蕊。

粉色绝代佳人有着较强的耐寒能力和耐旱能力，适合在寒冷又干旱的地区种植。

赫柏之杯

【别　　名】青春女神酒杯

【花　　型】重瓣

【香　　型】浓香

【开 花 性】多季开花

赫柏之杯是波旁月季当中的一个品种。

它的枝叶比较秀气，外部花色为浅粉色，花蕊部分为樱桃红色，花瓣排列整齐，具有浓郁的玫瑰香气。

胭脂香水

【法 文 名】Rouge de Parfum

【原 产 地】日本

【香　　型】浓香

【开 花 性】多季开花

胭脂香水是从伊芙伯爵芽变而来。它花香浓烈，有一种混合了果香、没药香和老玫瑰香的混合气味，摘下一朵放在室内能满室皆香，作用堪比香水。

“伊芙”系列的香水月季普遍具有株型硕大、枝叶优雅、花瓣芬芳、适应性强的特征。

胭脂香水具有胭脂一样的花色，完全盛开后的样子酷似牡丹花。

它花茎较长，直立挺拔，花朵适合剪下来作瓶插。

俏丽贝丝

【英 文 名】Dainty Bess

【别　　名】单提贝斯

【原 产 地】英国

【花　　型】单瓣

【香　　型】淡香

【开 花 性】多季开花

雄蕊为红色，这是其最为显著的特征。

叶片呈深绿色。

俏丽贝丝有“最美单瓣”的美名，由英国育种师于 1925 年培育出，并以他妻子的名字命名。它的花型为单瓣，花色为柔和且带有珠光的粉色，花瓣数量虽少，但立体感强。花朵成簇开放，香气为标准的茶香。

俏丽贝丝是 1912 年问世的奥菲利亚的后代，完美继承了奥菲利亚的优雅气质。

诺伊赛特月季

【拉丁学名】*Rosa ×Noisettiana*

【英 文 名】Noisette

【原 产 地】法国

【花　　型】重瓣

【开 花 性】多季开花

据说诺伊赛特月季是约瑟芬皇后最喜欢的玫瑰之一，它是以培育者路易·诺伊赛特的弟弟菲利普·诺伊赛特的名字命名的。

诺伊赛特月季可多季开花的特性来源于月月粉。诺伊赛特月季的亲本为“查普尼斯粉团”，而查普尼斯粉团是麝香蔷薇和月月粉的后代。

苗圃园主与奴隶女孩之间的爱情故事

菲利普·诺伊赛特本是一个法国苗圃园主的儿子，他在前往北美洲后爱上了那里的一个奴隶女孩，可这种跨越种族和阶级的爱情在那时注定是不被允许的。为了与相爱的人长相厮守，他带着女孩逃到了美国南卡罗来纳州，并在那里创建了自己的苗圃。

花语：真挚的爱。

我的心

【法 文 名】Mon Coeur
【原 产 地】日本
【花　　型】重瓣
【香　　型】中度
【开 花 性】多季开花

我的心的花色在不同季节，深浅可能有所不同。

我的心是日本育种家木村卓功于2012年培育成功的一个品种，它直立性好，分枝多，株型美观，一上市就引起广泛关注。

我的心枝茎直挺，优雅的粉色传递着浪漫气息，因此常被视为浪漫告白的象征。

安妮公主

【英 文 名】Princess Anne
【原 产 地】英国
【花　　型】重瓣
【香　　型】中度 / 浓香
【开 花 性】多季开花

花朵比较大，花朵直径可达12厘米。

安妮公主是一个杂交硕苞蔷薇品种，硕苞蔷薇血统的引入使得安妮公主拥有了强大的抵抗黑斑病的能力。

它初开的花朵为深粉色，随着时间的推移，花色会逐渐变淡。它的香气富于变化，时而浓郁时而清淡，主调为茶香。

安妮公主复花性好，在旧花凋谢的同时会不断有新花绽放。它的适应性也极强，即使生存条件不理想也能开花，如果栽培条件适宜则可全年开花。

女仆马里昂

【英 文 名】Maid Marion

【原 产 地】英国

【花　　型】重瓣

【香　　型】浓香

【开 花 性】多季开花

完全盛放的花朵呈莲座状。

女仆马里昂是以英国传奇人物罗宾汉的恋人的名字命名的。它的花色为纯净的玫瑰粉色，花朵初开时，花香是柔和的没药香，随后则变成带有丁香味的果香。

花苞初绽时呈圆圆的杯状，较大的外瓣把大量的花瓣裹在里面，形成了好看的纽扣状花芯。

大马士革蔷薇变种

Semi-double variety of Tomentose Rose

半重瓣柔毛蔷薇

半重瓣茴芹叶蔷薇

【拉丁学名】*Rosa pimpinellifolia* 'Double Pink Scotch Briar'

【英 文 名】Double Pink Scotch Briar

【花　　型】半重瓣

【香　　型】淡香

【开 花 性】一季开花

半重瓣茴芹叶蔷薇是野生茴芹叶蔷薇的重瓣类型，花瓣呈粉红色。半重瓣茴芹叶蔷薇与茴芹叶蔷薇的区别，主要在于花瓣的数量和颜色。

茴芹叶蔷薇

茴芹叶蔷薇的枝干上有密密麻麻的皮刺和毛刺，花梗上有腺毛。花萼光滑，萼片两侧几乎不分裂。

知识链接

皮刺是指从枝干和花枝上伸出的刺。而毛刺是指木质化程度不高的刺，玫瑰花枝条上受力可以弯曲的刺就是毛刺。

重瓣微型月月粉

【英 文 名】Double Miniature Rose

【原 产 地】中国

【花　　型】重瓣

【香　　型】淡香

【开 花 性】多季开花

重瓣微型月月粉就是小号的月月粉，它是西方非常流行的花卉品种，最早由鲁莱特上校于 1917 年前后发现。

单瓣香水月季叶片表面凹凸不平，没有光泽，这都是它已经欧洲本土化的一种表现。

单瓣香水月季

【拉丁学名】*Rosa ×odorata*

【原 产 地】欧洲

【花　　型】单瓣

【香　　型】浓香

【开 花 性】多季开花

单瓣香水月季皮刺的样子、叶形及大小、花瓣形状及大小、萼片光滑不分裂等特征，都说明它与我国的香水月季存在亲缘关系。香水月季栽培历史久远，早在宋代就已进入我国百姓的日常生活。

我国香水月季传到西方之后成为西方现代玫瑰香气的重要来源。

虽然国人更钟爱重瓣花卉，但单瓣类型的香水月季也有广泛种植。我国明代画家陈洪绶在其《花鸟精品册》中就收录了单瓣粉红香水月季。

秋大马士革蔷薇

【英 文 名】Autumn Damask Rose

【花　　型】重瓣

【香　　型】浓香

【开 花 性】多季开花

大马士革蔷薇香气浓郁，花瓣富含芳香油，为优质的玫瑰精油原料。

现代基因研究发现，大马士革蔷薇是由法国蔷薇、麝香蔷薇杂交后，再与腺果蔷薇杂交产生的。

秋大马士革蔷薇花瓣较薄，含有丰富的芳香油。

大马士革蔷薇分夏大马士革蔷薇和秋大马士革蔷薇两种，它们都是重瓣类型，但开花季节有所不同：夏大马士革蔷薇多在春季或夏季开花；而秋大马士革蔷薇则在秋季也能少量开花。

大马士革蔷薇新长出来的叶片边缘为红色。

一幅价值 25 万英镑的手绘玫瑰图

在 2010 年的一次苏富比拍卖会上，一幅雷杜德手绘的玫瑰图以 25 万英镑的价格成交。而这幅画中所画的便是一枝秋大马士革蔷薇。

大马士革蔷薇是一种很古老的蔷薇属植物，有人认为《荷马史诗》当中关于重瓣蔷薇的记载，说的就是大马士革蔷薇。

从古到今，大马士革蔷薇都是最有经济价值的蔷薇属植物。它可用于提取精油，制作香水、护肤品和花茶，还可用来酿酒、制药，用途十分广泛。

茎上皮刺大小不均匀。这也是大马士革蔷薇有别于百叶蔷薇的重要特征之一。

玫瑰与生活

玫瑰，这种古老而永恒的花朵，在人类文明的画卷上早已留下了浓墨重彩的印记。它不仅是诗人笔下爱情的象征，更是跨越时空的生活伴侣，它以独特的方式渗透到我们的生活之中。

玫瑰之美

曼妙的姿态、绚丽的色彩赋予了玫瑰观赏、装饰和表达情感等作用。

1. 观赏价值。玫瑰作为世界著名的观赏花卉，被用于园林景观设计、盆栽种植、制作瓶插鲜花等。

2. 情感价值。玫瑰从诞生之初就被视为爱情的象征，它的美丽和优雅更使其成为一种令人愉悦的礼物，不同颜色的玫瑰也承载着不同的情感寓意。

3. 仪式与庆典布置。在婚礼仪式、生日派对、毕业典礼、商业庆典，以及情人节等节日庆典上，人们也常常用玫瑰来进行场景布置。

4. 染色应用。玫瑰中含有多种色素，因此它可以作为天然染色剂，用于织物、食品等的染色。

玫瑰之味

玫瑰是一种珍贵的食用花卉，其花瓣、花蕾和果实富含多种活性成分，既可以为食物增添风味，又有独特的保健功效。

1. 制作糕点和甜品。玫瑰花瓣经过糖渍等处理后，可作为馅料用于制作各种糕点，最经典的莫过于玫瑰鲜花饼。在制作蛋糕、布丁和冰淇淋时，也可加入玫瑰花瓣进行装饰和调味。

2. 制作酱料。玫瑰酱是一种常见的酱料，由玫瑰花瓣加糖熬制而成。它可以涂抹在面包、饼干上，增加食物的香甜味道，让人食欲大增。

3. 制作茶饮。玫瑰茶饮作为一种健康的饮品，深受人们喜爱。

4. 制作玫瑰酒。玫瑰酿酒，早在明代就已有记载。玫瑰酒作为一种独具特色的酒类饮品，融合了玫瑰的芬芳与酒的醇厚，适量饮用还能够获得一定的美容养颜、健脾益胃、调节气血等功效。

左页左上图 玫瑰精油

左页左下图 玫瑰花束

左页右上图 玫瑰花茶

左页右中图 玫瑰鲜花饼

左页右下图 玫瑰酱

玫瑰之香

玫瑰因其独特的香气以及良好的化学稳定性和安全性，在芳香业中占据着重要地位。

1. 玫瑰是香水工业的重要原料。玫瑰中含有多种挥发性芳香化合物，如醇类、醛类等，人们通过蒸馏法、溶剂萃取法等，可以将这些芳香成分提取出来，应用于香水的制作中。

2. 玫瑰在制作香薰，以及香皂、沐浴露等清洁用品中应用广泛。

玫瑰之焕颜

玫瑰因富含多种具有抗氧化、补水保湿、舒缓等功效的成分，以及天然色素和挥发性芳香物质，被广泛应用于化妆品的生产制造。

1. 护肤品。玫瑰中含有天然的保湿因子和维生素 C、类黄酮等抗氧化成分，以及香叶醇、香茅醇等芳香成分，所以它常被用于制造化妆水、精华液、面霜、乳液、润唇膏、面膜和精油等护肤品。

2. 彩妆。玫瑰含有天然色素，这些色素可以经过提取和加工，赋予彩妆产品以颜色，如制作口红、腮红、眼影等彩妆产品。

玫瑰之愈力

玫瑰在医学领域，无论是传统中医中还是现代医学中，都发挥着非常重要的作用。

1. 传统中医。中医典籍记载，玫瑰性温，味甘、微苦，归肝、脾经，具有行气解郁、和血、止痛的功效。对于女性朋友来说，玫瑰可调节气血运行，缓解经期不适，呵护女性健康。

2. 现代医学。部分治疗皮肤炎症、创伤的药膏会添加玫瑰提取物；含有玫瑰成分的漱口水，可利用玫瑰的抗菌特性，抑制口腔内细菌滋生，预防和缓解口腔炎症，如牙龈炎、口腔溃疡等。

粉妆楼

【拉丁学名】*Rosa* 'Fun Jwan Lo'

【法 文 名】Clotilde Soupert

【别　　名】玉玲珑

【原 产 地】日本

【花　　型】重瓣

【香　　型】浓香

【开 花 性】多季开花

真正的粉妆楼其实是月月粉，在清代同治年间的《月季花谱》中已有关于它的描述："粉妆波，一名粉妆楼。银红色，春花好，花头不大，枝干青壮，叶与帝君袍无异。"但后来这一名称被一多头的流行品种所冒用。

花语：初恋的浪漫。

月月粉

月月粉又名粉妆楼，据传在宋代就已被培育出来。

多头的粉妆楼具有月月粉血统。植株最高只能长到 50 厘米，株型紧凑浑圆，枝上刺很少，花型重瓣，花色会由于环境因素呈现为外瓣白色内部粉红、粉红色或者纯白色三种类型，花朵直径 5~7 厘米，香气为玫瑰香混合茶香。

犬蔷薇

【拉丁学名】*Rosa canina*

【英 文 名】Dog Rose

【花　　型】单瓣

【香　　型】淡香

【开 花 性】一季开花

蔷薇花瓣的基数为五，故俗称“五数花”，这是由进化决定的成功授粉的最佳花瓣数，一般而言，随着花瓣数量的增加，雄蕊的数量会相应地减少。但也有少数蔷薇开“四数花”。

犬蔷薇是欧洲常见的古老蔷薇品种，它的起源无从考证，但出生于约公元前371年的古希腊哲学家、科学家泰弗拉斯特（Theophrastus）就已对这种蔷薇进行过详细描述，许多西方传统玫瑰都是由犬蔷薇与其他蔷薇属植物杂交而来。

法国蔷薇阿加莎

百叶蔷薇荷兰之娇

楼兰玫瑰

【原 产 地】中国

【花　　型】重瓣

【香　　型】淡香

【开 花 性】多季开花

楼兰玫瑰是个国产品种，花色为肉粉与乳白的结合，整体具有复古感。

花瓣有一定厚度，在运输过程中不易受损。

花朵开放度好，花期长，瓶插花型可保持一个星期左右。

罗衣

【英 文 名】Silk Garment

【原 产 地】中国

【花　　型】重瓣

【香　　型】浓香

【开 花 性】多季开花

Tips

罗衣的一根枝条上能够长出十几个花苞，建议疏蕾至4~6个，以保证营养供给，使开出的花更大更艳，花期更长。

罗衣是我国育种专家姜正之于2012年培育而成的品种。花瓣丰富，花朵直径8~10厘米。

罗衣的香味是水果香、老玫瑰香和没药香的混合，浓烈而不刺鼻。

罗衣根系发达，生长迅速，分枝能力强，几乎无刺，多头开花。

凯丽

【英 文 名】	Carey
【原 产 地】	英国
【花　　型】	重瓣
【香　　型】	淡香
【开 花 性】	多季开花

凯丽的花色为中粉色，花型为标准的杯状，花朵直径 8~10 厘米，有淡淡的松木香，叶片光亮翠绿。

凯丽植株高 80~120 厘米，生长速度快，勤花，是非常适合家庭种植的品种之一。

Tips

凯丽对病虫害的抵抗能力较弱。在养护过程中，必须细心防范黑斑病、白粉病等常见病害，以及蚜虫、红蜘蛛等害虫的侵袭。

花语：少女情怀总是诗。

草莓马卡龙

【英 文 名】	Strawberry Macaron
【别　　名】	草莓杏仁饼
【原 产 地】	日本
【花　　型】	重瓣
【香　　型】	淡香
【开 花 性】	多季开花

草莓马卡龙的花朵粉嫩，花瓣数量不是很多，但层次丰富，厚实，有质感，花朵直径 5~6 厘米。

它枝条强壮，根系发达，抗病能力强，易养护。多头集群开花，花量很大，单花花期长，在春季和秋季可维持花型 10 天左右，即便是夏季，也能维持花型 5 天左右。

瑞典女王

【英 文 名】Queen of Sweden

【原 产 地】英国

【花　　型】重瓣

【香　　型】中度

【开 花 性】多季开花

Tips

“笋”是指从蔷薇属植物基部或根部长出的强健新芽，通常呈红色，粗壮且长势旺盛。

瑞典女王株型直挺，枝条硬朗，花朵硕大，显示出王者风范。瑞典女王的香气为一种柔和而美妙的没药香。

瑞典女王适应性强，长势强健，爱出“笋”，花量大，复花性佳。唯一略显不足的是，它的花期比较短，只有3~4天，如果遇到高温天气容易“一日散”。

粉爱神

【英 文 名】Love Goddess

【花　　型】重瓣

【香　　型】淡香

【开 花 性】多季开花

粉爱神的花色为樱花粉。杯状花型，花朵直径5~6厘米，中等大小。味道清淡，只有很淡的荔枝香味。

花瓣厚实，颜色均匀，微卷边，不易灰霉。

摩纳哥王妃夏琳

【法 文 名】Princesse Charlène de Monaco

【原 产 地】法国

【花　　型】重瓣

【香　　型】浓香

【开 花 性】多季开花

摩纳哥王妃夏琳是以欧洲西南部君主立宪制国家摩纳哥的王妃夏琳·维斯托克的名字命名的。

它的花色多变，初开时花朵为粉红色，之后会渐渐变成粉色，直至变为乳白色。

花朵直径在13厘米左右，完全打开后呈牡丹花状。它是株型很好控制的品种，不易长成“八爪鱼”。

摩纳哥王妃夏琳属浓香型月季，开花后会释放一种玫瑰花香加上水果清香的香味，花香浓郁，挥发性强。

粉红豹

【英 文 名】Pink Panther

【原 产 地】法国

【花　　型】重瓣

【香　　型】淡香

【开 花 性】多季开花

粉红豹的花初开时呈奇妙的荧光粉色，随着日晒逐渐转变为芭比粉。它由法国的玫昂国际月季（玫瑰）公司培育，易于种植和养护，是家庭园艺的理想选择，为近年来比较受人关注的后起之秀。

新娘

【法 文 名】La mariee

【原 产 地】日本

【香　　型】浓香

【开 花 性】多季开花

新娘是著名女性育种家河本纯子培育的。花朵高芯卷边，开花后会散发一种很好闻的水果味甜香。

知识链接

河本纯子是一位伟大的女性育种专家，她培育了许多知名的花，如路西法、加百列大天使、羽毛等。她培育的花气质优雅，温婉灵动，深受广大园艺爱好者喜爱。

海伦

【英 文 名】Helen

【原 产 地】日本

【花　　型】重瓣

【香　　型】浓香

【开 花 性】多季开花

海伦为木村卓功的杰作，以古希腊神话中引发特洛伊战争的美女海伦的名字命名。

海伦的花色为娇艳的粉色，花朵直径为 8 厘米左右。香气融合了苹果的果香和紫罗兰的芬芳，浓郁而雅致。在第九届国际馨香的玫瑰试验中，海伦荣获灌木金奖。

海伦的开花枝很长，直立性好，花朵不易垂头，刺少，适合作切花使用。

Tips

海伦的植株初期生长较为缓慢，建议在其成年之前，尤其是第一年，持续摘除花苞和花蕾，以促进植株的生长。

爱神丘比特

【英 文 名】Cupid

【花　　型】重瓣

【香　　型】淡香

【开 花 性】多季开花

爱神丘比特的花色是处于变化之中的：初开时花色为橘黄色，接着会慢慢变成粉色，之后会变为浅粉色，直至变成白色。

四个丘比特的每个枝头都能长出 5~10 个花苞，其中总是有 4 个会挺立着，这可能也是它得名的缘由。

四个丘比特

【英 文 名】Petit Four

【花　　型】重瓣

【香　　型】淡香

【开 花 性】多季开花

四个丘比特植株很矮，一般在 50 厘米左右，花朵也较小，直径只有 4 厘米左右。它的花朵有一股淡淡的桃子香，甜而不腻。

月月粉

【英文名】Old Blush China

【原产地】中国

【花　型】重瓣 / 单瓣

【香　型】中度 / 浓香

【开花性】多季开花

月月粉，又称宫粉，是我国的传统名花，有着上千年的栽培历史。月月粉当中既有单瓣的品种也有重瓣的品种，可以从早春一直开花到深秋，如果温度适宜，几乎可以全年开花。月月粉的香气比较浓，属茶香系。

一般情况下，月月粉的花朵是淡粉色的，但随着花朵的绽放，颜色会慢慢变深。因为花色类似胭红，所以它又被称为“老胭红”。

它的花梗细长，这个特性被它的许多后代所继承。

诺伊赛特月季

大马士革蔷薇

大约17世纪中叶，月月粉这种古老的月季被引入欧洲。其后，它被作为亲本培育新的品种，许多早期的西方古老月季都有月月粉的血统。

波旁月季

我们所熟知的波旁月季就是通过将月月粉的培育品种诺伊赛特月季与大马士革蔷薇杂交得到的。

维多利亚公主

纪念马美逊

赫柏之杯

知识链接

月月粉是世界玫瑰协会联合会在1988年创建时入选老玫瑰名人堂的四个月季品种之一，其他三个月季品种分别是塞西尔·布鲁纳、第戎的荣耀和纪念马美逊。

Variety of Cabbage Rose

百叶蔷薇变种

天空重瓣蔷薇

苏醒

【英文名】	Awakening
【花　　型】	重瓣
【香　　型】	浓香
【开花性】	多季开花

花语：情窦初开。

苏醒的叶子为墨绿色，映衬得花朵更加娇艳。

苏醒的花瓣呈旋涡状排列，层次分明，体现出强烈的立体感。

花朵的主色调为深水粉色，从花芯和花瓣底部晕染出的桃色，给人一种少女面庞上染了红晕的感觉。

整枝的苏醒常被用于制作花束和装饰品，它的花瓣则常被用于制作香水和护肤品。

枝条软硬适中，攀爬能力强，容易造型。

欢迎

【法文名】	Bienvenue
【原产地】	法国
【花　　型】	重瓣
【香　　型】	浓香
【开花性】	多季开花

欢迎全名叫欢迎德尔伯特，花朵是深粉色的，中心部分有的花稍浅，有的花稍深。花朵直径在10厘米左右，非常勤花、丰花，有“开花机器”之誉。它的香气融合了玫瑰香和柑橘果香，属浓香型。

欢迎的适应能力极好，耐寒、耐雨又耐热，耐晒能力也十分出众，在光照强烈的地方，花型也能保持得很好。

香格里拉

【英 文 名】Shangri-La

【原 产 地】日本

【花　　型】单瓣 / 半重瓣

【开 花 性】多季开花

香格里拉是日本园艺家木村卓功培育的一个灌木品种，花型在单瓣与半重瓣之间，花朵形态近似桃花。它具有良好的抗病性，耐热性也较好。另有一款重瓣月季与它同名，也叫香格里拉。

华宵

华宵

【英 文 名】Kashou

【原 产 地】日本

【花　　型】重瓣

【香　　型】浓香

【开 花 性】多季开花

华宵以日本昭和时代著名插画家高畠华宵的名字命名。

华宵的花朵大而饱满，深杯花型，花瓣密集，花期长；花色为浅粉色，近乎白色，很是淡雅；有着浓郁的没药香气。

一见钟情

花蕊为漂亮的金黄色。

【法 文 名】Coup de Coeur

【别　　名】至爱

【原 产 地】日本

【花　　型】半重瓣

【香　　型】淡香

【开 花 性】多季开花

花朵中心有一个粉红色的心斑。这个心斑的稳定性较差，如果养护不当，心斑会变成白色或是消失。

一见钟情非常勤花，花朵总是成簇开放，适合种在花园中。它的花朵是浅粉色的，近乎白色，花型为四等分莲座状，花朵直径在 8 厘米左右。

Griffelrose

格里费尔蔷薇变种

犬蔷薇杂交种

粉红天方夜谭

【英 文 名】Doniazade

【别　　名】托妮莎德

【原 产 地】日本

【花　　型】重瓣

【香　　型】浓香

【开 花 性】多季开花

粉红天方夜谭是天方夜谭的芽变品种，除花色之外，其他性状和天方夜谭几乎完全一样。粉红天方夜谭在种植过程中偶尔会出现深桃红色花瓣，那是正常的“返祖现象”。

粉红天方夜谭花量特别丰富，总是多花集群开放，春花最易“爆盆”。

花芯部分颜色稍深。

天方夜谭的其他芽变品种

浮月

浮月的性状比粉红方夜谭要稳定，不会出现“返祖现象”，但花色在高温天气中易褪色。

倾城

倾城的花比天方夜谭小，花瓣的数量也比天方夜谭少。

外瓣为浅粉色，
带有“美人尖”。

粉红天方夜谭开放到后
期花朵会变为粉紫色。

粉红天方夜谭简称粉天方，完全盛开时，花朵形态近似牡丹，花朵直径在10厘米左右，花瓣层次丰富。

小叶畸变成了芹叶状。

芹叶百叶蔷薇

【拉丁学名】*Rosa centifolia* CV.

【原 产 地】欧洲

【花　　型】重瓣

【香　　型】浓香

【开 花 性】一季开花

这种蔷薇是百叶蔷薇的一个栽培品种，因其小叶畸变成了芹叶状而得名。

芹叶百叶蔷薇通常在春天或夏天一次性开花，它的花是制作香水的珍贵原料。

重瓣卡罗来纳蔷薇

【拉丁学名】*Rosa carolina* 'Plena'

【英 文 名】Double Pasture Rose

【花　　型】重瓣

【开 花 性】一季开花

这种蔷薇为卡罗来纳蔷薇（*Rosa carolina*）的重瓣品种，花蕾颀长，花瓣宽大，颇具豪华美感。

卡罗来纳蔷薇的花期很短，通常花只开一天，一个群体的开花期也只有几个星期。

卡罗来纳蔷薇

七姊妹

【拉丁学名】*Rosa multiflora* var. Seven Sisters

【英 文 名】Pink Double Multiflora

【原 产 地】中国

【花　　型】重瓣

【香　　型】浓香

【开 花 性】一季开花

七姊妹是我国多花蔷薇的一个古代知名品种，至少已有一千年的栽培历史。它的花香较为浓烈，常 5~16 朵花集群开放。

据古代文献记载，一蓓七蕾者为“七姊妹”，而一蓓十蕾者为“十姊妹”。这里的“一蓓”指的是一个花序，一个花序上花蕾的数量决定了花的名称。

娜荷马

【拉丁学名】*Rosa* ‘Nahéma’

【原 产 地】法国

【花　　型】重瓣

【香　　型】浓香

【开 花 性】多季开花

娜荷马的枝条攀缘性极好。

娜荷马是以一款法国香水的名字命名的，它也是因为这个味道而被大众所熟知。

它的花朵为经典的四分型，完全重瓣，花色为浅粉色，花朵直径约 10 厘米，开花性好，可四季持续开花，但如果温度太高，花会散得较快。花朵有着浓郁的花香味，并带有些许柠檬和甜杏的味道。

它长势较慢，适宜用来装饰围墙和栅栏。

微风

【西班牙语名】Céfiro

【别　　名】塞菲罗

【原 产 地】日本

【花　　型】半重瓣

【香　　型】淡香

【开 花 性】多季开花

微风又名塞菲罗，是因为它的花名来自于西班牙语“Céfiro”，“Céfiro”意为微风，音译就是塞菲罗。

微风的花朵为半重瓣，花瓣排列相对规整，但由于花瓣数量不是很多，所以花开到后期整体会显得有些发散。

真宙

【英 文 名】Masora

【原 产 地】日本

【花　　型】重瓣

【香　　型】浓香

【开 花 性】多季开花

真宙由日本育种家吉池贞藏培育，于2009年面市。

真宙耐热性极好，它与莫奈、红色龙沙宝石并称“耐热三宝”。

Tips

真宙对光照时间要求比较高，如果光照不足，易出现盲芽现象。

真宙生长速度快，需及时剪枝，以防杂乱的枝条影响观赏。

奥利维亚

【英 文 名】Olivia

【原 产 地】英国

【花　　型】重瓣

【香　　型】浓香

【开 花 性】多季开花

奥利维亚的美足以与瑞典女王一较高下。它的培育者大卫·奥斯汀将它称赞为“迄今为止最满意的作品”，还以自己孙女的名字给它命了名。

它的花朵直径 8~10 厘米，为四等分的杯状花型，花瓣数量在 90 枚以上，花色粉白相间。

它的生长状况也相当优秀，始花期会比大多数品种都早，开花后复花也很快。味道为浓郁的水果香。

它的叶片略带浅灰色调。

凯瑟琳·莫利

【英 文 名】Kathryn Morley

【原 产 地】英国

【花　　型】重瓣

【香　　型】中度

【开 花 性】多季开花

凯瑟琳·莫利的亲本为玛丽和乔叟，于 1990 年问世，培育者为大卫·奥斯汀。植株较高大，高度在 2 米左右，幅宽约 1.2 米。杯状花型，花色为淡桃色，花朵带有茶香味，可多季重复开花，但以夏季花量最大。

达芙妮

【英 文 名】Daphne
【原 产 地】日本
【花　　型】重瓣
【香　　型】中度
【开 花 性】多季开花

Tips

综合来讲，达芙妮比较适合新手养护，但在施肥方面要多加注意，不可过量、过勤，过度施肥可能会导致植株患上白粉病。

达芙妮是木村卓功于2014年培育出来的品种，花色为娇嫩的粉色，花朵直径5~7厘米。花瓣数量不多，但边缘带有波浪边，使得花朵的立体感很强。花朵花期很长，开到最后会微泛黄绿色。

达芙妮植株健壮，高度在1.4米左右，枝条有明显的横向发展性。

大教堂钟声

【英 文 名】Cathedral Bells
【别　　名】美里玫瑰之歌、纽曼姐妹
【原 产 地】法国
【花　　型】重瓣
【香　　型】浓香
【开 花 性】多季开花

大教堂钟声植株强健，适应性强，可以用来装点花园、花坛，可以用来生产切花，还可以用来制作玫瑰酱，是一个用途广泛的品种。

大教堂钟声的花朵高耸，形状像杯子。叶子深绿色，革质。香气为浓郁的茴香和薰衣草香的混合香。

大教堂钟声的花苞在将开未开的时候，会带有一点点红色。

花粉蔷薇

蒙娜丽莎

【英 文 名】Mona Lisa

【原 产 地】日本

【花　　型】重瓣

【香　　型】浓香

【开 花 性】多季开花

蒙娜丽莎的花型为高芯花型与杯状花型的结合体，花朵直径 8 厘米左右。

蒙娜丽莎的花香也很出色，开花时会散发一种强烈的没药香，但又夹杂着一丝老玫瑰香，花香浓郁怡人。

蒙娜丽莎既可盆栽，又可地栽，还适宜用来制作切花，用途比较广泛。

莫妮卡·戴维

【英 文 名】Monique Darve

【原 产 地】法国

【花　　型】重瓣

【香　　型】中度

【开 花 性】多季开花

莫妮卡·戴维是法国育种家马萨德培育的一个知名品种，植株低矮紧凑，分枝性好，很适合家庭种植，园艺用途广泛。

花型重瓣，花朵直径 8~10 厘米。花瓣呈莲座状分布，排列齐整，外瓣带有明显的“美人尖”。花香为怡人的水果味。

Tips

莫妮卡·戴维夏天开花后应及时搬到遮阴避晒的地方，以延长花期。而在秋冬气温低于零下 5℃后，要及时移回室内，以防冻伤。

它的花瓣为柔粉色，边缘还带着一丝淡淡的白，有着宝石般的光彩。花瓣层层叠叠，排列十分紧致。

龙沙宝石

【英 文 名】Meiviolin

【原 产 地】法国

【花　　型】重瓣

【香　　型】淡香

【开 花 性】多季开花

龙沙宝石是以“蔷薇诗人”彼埃尔·德·龙沙的名字命名的，由法国的玫昂国际月季（玫瑰）公司出品。2006年，龙沙宝石在日本大阪世界月季大会上摘取了“最受人们喜欢的玫瑰”这一桂冠。龙沙宝石的植株生长迅速，抗寒能力和抗病害能力都非常出色。枝条细长、柔软，花量大，花朵直径 8~10 厘米，常被用来打造花墙、花篱。

雅克 · 卡地亚

【法 文 名】Jacques Cartier

【别　　名】玛切萨·波希拉

【原 产 地】法国

【花　　型】重瓣

【香　　型】浓香

【开 花 性】多季开花

雅克·卡地亚是最著名的老玫瑰之一，属波特兰系列。它有着浓郁的玫瑰香气，闻过便让人难以忘怀。

它的花朵中心有“纽扣眼”。

“纽扣眼”是指蔷薇属植物的花瓣中心有一个小圆点，形状类似于纽扣，因此被人们称为“纽扣眼”。下面这些花也带有“纽扣眼”。

夏洛特小姐

伦敦眼

闺蜜

小粉兔

【花　　型】重瓣

【香　　型】浓香

【开 花 性】多季开花

花语：淡淡的牵挂。

小粉兔的花瓣层次极多，外层花瓣是白色的，花芯部分则是粉红色的，因中间的花瓣晕开时像极了兔子的红眼睛而得此名。

小粉兔的花瓣温润，似泛着珠光。

初开时花瓣呈白色，边缘带有粉色。

完全开放后花瓣整体呈粉色。花瓣较薄，烈日暴晒易焦边。

武媚娘

【英 文 名】Boulevard

【别　　名】林荫大道

【原 产 地】荷兰

【花　　型】重瓣

【香　　型】淡香

【开 花 性】多季开花

武媚娘是一个由荷兰橙色多盟公司培育的品种。花型为高杯状，花朵直径为 8~10 厘米，花瓣厚实且有质感。

武媚娘的味道为淡淡的荔枝香，清新怡人。它枝条粗壮，直立性好，长势快，花量大，很适合用来装点阳台。

花语：你的美貌让我动容。

霓裳

【花　　型】重瓣

【香　　型】浓香

【开 花 性】多季开花

霓裳植株健壮，枝条粗壮，直立性好，耐寒，耐干旱，是优质的切花品种。霓裳的花为高杯状花型，直径 10 厘米以上。香气为浓郁的果香。

Tips

夏季温度超过 30℃的时候，霓裳就会进入休眠期，应适当进行遮阴处理。

夏日冰淇淋

【英 文 名】Gelato

【别　　名】冰淇淋泡泡

【花　　型】重瓣

【香　　型】淡香

【开 花 性】多季开花

夏日冰淇淋植株高 1.2 米左右，花朵直径 4~6 厘米，长枝条开花，花香为淡淡的玫瑰香。瓶插花期可达 10 天以上。

草地蔷薇变种

花语：甜蜜的爱恋。

粉荔枝的复花速度相对较慢，需要一段时间的精心养护和养分积累才能再次迎来盛花。

粉荔枝

【英 文 名】Pink O'Hara

【别　　名】粉哈娜、粉红欧哈娜

【原 产 地】法国

【花　　型】重瓣

【香　　型】浓香

【开 花 性】多季开花

粉荔枝由法国知名育种公司戴尔巴德培育，2008 年上市。它的花色是柔嫩的粉色，花瓣轻薄如纱，层次多，质感强，花型为古典的杯状，圆润饱满。

它的香味为浓郁的荔枝甜香。花香强烈，花期较短，夏天只能开放 3 天左右。

粉荔枝花枝直立，花大不垂头，是优秀的切花品种。

Tips

瓶插技巧：

1. 粉荔枝醒花时间不宜过长，恢复状态即可。
2. 去除所有叶片，但不要打刺，以减少创口。
3. 插瓶时，花头距离花瓶口大概 5~10 厘米。
4. 浅水养护，避免直射阳光和吹风。

白荔枝玫瑰

粉荔枝玫瑰还有一个“孪生姐妹”——白荔枝玫瑰。白荔枝玫瑰也散发着独特的荔枝香甜。

白荔枝初开时，花芯部分花色偏香槟色，开炸后花朵变为纯白色。

魅影

【拉丁学名】*Rosa* ‘Phantom’

【英 文 名】Deep Water

【原 产 地】德国

【花　　型】重瓣

【香　　型】无香

【开 花 性】多季开花

魅影的花为高杯状，花瓣包裹性好。它属于勤花品种，短枝开花，能够在多个季节重复开放，长势强劲，耐热耐晒，是园艺爱好者的理想选择。

魅影在有些国家和地区也会被称为“深海”或“钟爱一生”。它的花朵主要为粉色和蓝紫色的，尤以粉色的常见。

阿罗哈

【英 文 名】Aloha

【原 产 地】德国

【花　　型】重瓣

【香　　型】中度

【开 花 性】多季开花

叶子革质，中绿色。

枝条善于攀缘，可用来作树篱和树墙。

阿罗哈由德国科德斯公司培育，是最有代表性的丰花品种之一。它的花为大而饱满的重瓣花，花朵直径为10厘米左右，花色多为粉红色，但也有杂带着杏色的。

Tips

阿罗哈是夏威夷语，有“爱慕”“怜悯”“再见”“你好”等意思。在夏威夷，它常被用来做迎接、道别和问候用语。

慷慨的园丁

【英 文 名】The Generous Gardener

【原 产 地】英国

【花　　型】重瓣

【香　　型】浓香

【开 花 性】多季开花

慷慨的园丁是大卫·奥斯汀在2002年推出的品种。植株高大，可长到4米高，分枝多，茎上无刺。但花期较短，容易“一日散”。

它的花朵小巧，直径大约6厘米，色彩柔和，花芯部分是亮粉色，向外逐渐过渡为淡粉色，具有浓郁的老玫瑰香、麝香和没药香的混合气味。

花语：全心全意爱你每一天。

猪小姐

【英 文 名】Miss Piggy

【别　　名】猪猪女孩

【原 产 地】荷兰

【花　　型】重瓣

【香　　型】中度

【开 花 性】多季开花

猪小姐是由荷兰育种家莱克斯·沃恩培育的切花品种。植株高90厘米左右，花朵直径约8厘米，能够在相对较高的温度下生长，但最适宜的养护温度为20℃~27℃。

花型为卷心杯状，花瓣厚实，质感好。花芯是淡淡的橙色，花色从内到外慢慢过渡，最后外瓣变为桃粉色，颜色层次丰富。

粉团蔷薇

【拉丁学名】	*Rosa multiflora* var. *cathayensis*
【原 产 地】	中国
【花　　型】	重瓣
【香　　型】	淡香
【开 花 性】	一季开花

粉团蔷薇是原产于我国且分布极广的一个种类。这类蔷薇全部为野生多花蔷薇的变种，故多头开花。我国有关粉团蔷薇最早的文献记录见于唐代，这说明它至少已有一千年的栽种历史。

粉团蔷薇为圆锥状花序，着花多簇。

粉团蔷薇的叶柄有腺毛。

粉团是古时候一种由糯米制成的糕点，样子类似于现在的麻团。推测该类花因花型类似粉团而得名。

单瓣的粉团蔷薇

粉团蔷薇包含了众多品种：有单瓣的，也有重瓣的；有带刺的，也有无刺的；有粉色的，也有紫红色的；有无香的，也有带有浓香的；有小花的，也有大花的。其中以白玉堂、五色粉团、紫红粉团等名气最大。

莴苣叶百叶蔷薇

【拉丁学名】*Rosa centifolia* ‘Bullata’

【英 文 名】Lettuce-leaved Cabbage Rose

【花　　型】重瓣

【香　　型】淡香

【开 花 性】一季开花

莴苣叶百叶蔷薇的叶子油绿而肥大，有些像莴苣的叶子，也因此而得名。

花瓣数量多，花瓣厚实，带有褶皱边。

花枝直立、粗壮，花大不垂头，剪下来就可以当切花插瓶。

珊瑚果冻

【英 文 名】Corail gelee

【原 产 地】日本

【花　　型】重瓣

【香　　型】浓香

【开 花 性】多季开花

珊瑚果冻由河本纯子培育，2011 年发布。花朵圆润、饱满，直径在 10 厘米左右，完全盛开后整体偏蓬松，形状与牡丹有几分相似。花朵的颜色是鲜艳的鲑鱼粉或珊瑚粉，艳而不俗。香味为老玫瑰香，浓而不浊。

它可多季重复开花，复花速度快，每次开花的时间间隔一个月左右。花朵耐晒耐雨淋，抗病性也不错，很容易栽培。

莫扎特

莫扎特

法兰西

法兰西

兰花韵事

【英 文 名】	Orchid Romantica
【别　　名】	天使湾
【原 产 地】	法国
【花　　型】	重瓣
【香　　型】	浓香
【开 花 性】	多季开花

Tips

在春天给兰花韵事施肥时切忌过量，肥料过量极易导致花朵畸形。

兰花韵事的亲本为紫心勋章和骑行者的一个中间育种材料，仔细算下来它拥有着8.2%的加利福尼亚蔷薇血统和3.13%的法国蔷薇托斯卡纳血统。

兰花韵事的花型更接近古典玫瑰，每朵花有近90片花瓣。它的香味为浓烈的柠檬果香和柑橘果香，很是出色，并因此于2021年荣获了爱尔兰贝尔法斯特的芳香奖。

海神王阳台

【英 文 名】Neptune King Terrazza

【原 产 地】荷兰

【花　　型】重瓣

【香　　型】中度

【开 花 性】多季开花

海神王阳台是一个“网红”品种，与果汁阳台并称阳台系列的“双子星”。

它植株小巧，一般只有 30~40 厘米高，很节省空间，但花朵直径却可达 10 厘米，且花量丰沛，花期持久。它花型多变，有时似牡丹，有时似茶花。花香为中等浓度，有着浓淡适中的老玫瑰香味。

灰姑娘

【英 文 名】Cinderella

【原 产 地】德国

【花　　型】重瓣

【香　　型】中度 / 浓香

【开 花 性】多季开花

这一品种的名字来源于童话故事《灰姑娘》。它是德国科德斯公司培育出来的观赏品种，有“四季版龙沙宝石”的美称。

它的株高在 150 厘米左右，花朵呈深杯状，外瓣呈浅白色，越向中间花瓣的颜色越深，花朵直径 6~8 厘米。它的香味是渐变的，刚开时为温和的玫瑰香，到盛开时为香甜的果香。它四季都能开花，单朵花可盛开半个月左右，观赏价值极高。

无刺芹叶蔷薇

甜锈红蔷薇变种

有的花瓣上
有“美人尖”。

有的花瓣边缘带有浅白色，具有晕染效果。

深粉色的花朵直径只有 5 厘米左右。

这朵花的花芯周边呈“粉白眼”状。

枝条为紫褐色，皮刺对生。

五月蔷薇

【拉丁学名】	*Rosa majaris*
【英 文 名】	May Rose
【原 产 地】	欧洲
【花　　型】	单瓣
【开 花 性】	一季开花

五月蔷薇也是桂味蔷薇组的一种，英文名为 May Rose，意为在初夏开花的蔷薇。它的花期非常短，一年只开一次花。

五月蔷薇主要分布在欧洲比较寒冷的地区，属于一个很早就被人工栽培的品种。植株茁壮，高可达 2 米。

黛丝德蒙娜

【英 文 名】Desdemona

【原 产 地】英国

【花　　型】重瓣

【香　　型】中度

【开 花 性】多季开花

黛丝德蒙娜的花朵非常圆润，就像一个小圆球儿。

黛丝德蒙娜是莎士比亚的“四大悲剧”之一《奥赛罗》中女主角的名字。

黛丝德蒙娜的花瓣虽然不多，但并不娇弱，很耐晒，也很耐雨淋。它的香味恰到好处，混合了杏花、黄瓜、柠檬皮与老玫瑰的芬芳，很有层次。

凯拉的花瓣上带有一点点桃色花边和不规则的晕染。

凯拉

【英 文 名】Kayla

【原 产 地】英国

【花　　型】重瓣

【香　　型】中度

【开 花 性】多季开花

凯拉株高60~90厘米，侧枝很多，株型紧凑圆润。老枝上有刺，但不多，新枝刺很少，适合家庭养护。花色是胭红、粉红和奶油色的混合。香气为中等的玫瑰香。

仙境

崭新黎明

杨玉环

【拉丁学名】*Rosa* 'Yang Guifei '

【原 产 地】荷兰

【花　　型】重瓣

【香　　型】浓香

【开 花 性】多季开花

小乔

上官婉儿

杨玉环是由荷兰的西露丝花卉育种有限公司培育的，2019 年推出，为“古典美人”系列的品种之一。

杨玉环的花朵完全重瓣，花朵直径 8 厘米以上，为奥斯汀花型，花色为樱花般的粉色，花芯处颜色要深一些，色彩过渡自然柔和。而且随着花苞的绽放，花型会显得愈发圆润饱满，香气为经典的老玫瑰香。

杨玉环花量最大的季节是春天，春天的花姿也最优美。单花花期 7 天以上。

荷兰西露丝花卉育种有限公司的“古典美人”系列还包括小乔、貂蝉、昭君、上官婉儿等品种。

甜蜜马车

花语：你是我藏在心里的爱意。

仙子之吻

【英 文 名】Fairy's Kiss

【花　　型】重瓣

【香　　型】淡香

【开 花 性】多季开花

仙子之吻是一个多头品种，花色为雅致清新的淡粉色，花瓣很有层次感，盛开时会散发出淡淡的花香。

仙子之吻的外瓣容易擦伤，在触碰的时候要多加注意。

新幻想的花瓣粉白交错，很有个性。

新幻想

【英 文 名】New Imagine

【花　　型】重瓣

【香　　型】浓香

【开 花 性】多季开花

新幻想的植株高 1.5 米左右。它的花期较短，通常只有一个星期左右。气味中有轻微的辛辣味。枝条柔软，顶端略微下垂。

花语：你是我一生的好闺蜜，我的快乐与难过你都能感知。

闺蜜

【拉丁学名】*Rosa 'Alter ego '*

【原 产 地】法国

【花　　型】重瓣

【香　　型】淡香

【开 花 性】多季开花

这款闺蜜是由法国尼普公司培育的，花型为高杯状，花朵外层桃红，内层粉红，充满了复古风情。

它很适合送给亲密的女性好友，可以很好地表达闺蜜之间的深情厚谊。

我国育种专家姜正之在 2017 年也培育出了一款闺蜜。这个品种的花型是莲座状的，花色为粉色，温度高时花色会变浅。味道甜美，为老玫瑰香、没药香和水果香的混合香气。花朵盛开时会有“纽扣眼”。

牧羊女

【英 文 名】The Shepherdess

【原 产 地】英国

【花　　型】重瓣

【香　　型】中度

【开 花 性】多季开花

牧羊女株型优美、矮小，刺少且较柔软，具备四季开花的能力，耐寒且无惧虫害，对空间要求不高，易养护。

重台大马士革蔷薇

【英 文 名】Damask Rose 'Celsiana '

【花　　型】重瓣

【香　　型】浓香

【开 花 性】一季开花

花芯处有另一枝花穿芯而过，呈一枝双花之态。

重台大马士革蔷薇最让人震撼之处在于花朵的中心还有另一枝花穿芯而过。这种现象就是所谓的重台。重台是雌蕊畸变形成的。

法国花叶蔷薇

【拉丁学名】Rosa gallica CV.

【原 产 地】法国

【花　　型】重瓣

【香　　型】淡香

【开 花 性】一季开花

法国花叶蔷薇有着与重台大马士革蔷薇相似的奇妙之处：它的雌蕊退化，而雄蕊畸变成了一整根枝条，从花芯穿过。

皇家庆典

【英 文 名】*Royal Jubilee*

【原 产 地】英国

【花　　型】重瓣

【香　　型】中度 / 浓香

【开 花 性】多季开花

皇家庆典的花朵散发着浓郁的水果香味，香气中等偏强。株高 1.2~1.5 米，适合种植在混合边界或作为玫瑰花篱使用。它适应性强，耐寒性良好，但生长需要充足的日照，否则易患白粉病和黑斑病。

皇家庆典为阿尔巴蔷薇当中的一个品种，是为了纪念英国女王伊丽莎白二世登基60周年而推出的一款花。

它的花瓣正面为深粉色，背面为淡粉色。花瓣向内弯，整朵花呈深杯状。

叶子为蓝绿色。

长叶阿尔巴蔷薇

黄金庆典

黄金庆典是为纪念英国女王伊丽莎白二世登基 40 周年而培育的。

银禧庆典

银禧是为纪念英国女王伊丽莎白二世登基 50 周年而培育的。

洛神

【英 文 名】Goddess of the Luo River

【花　　型】重瓣

【香　　型】淡香

【开 花 性】多季开花

洛神的花型为典型的奥斯汀花型，花朵层次分明，具有优雅之美。

洛神植株高 80~100 厘米，花枝直立，单头，一枝一花，花枝上几乎没有刺，作为切花使用非常方便。

知识链接

奥斯汀花型是指由英国育种大师大卫·奥斯汀精心培育的玫瑰花型。这种花型保留了古典月季多花瓣、芳香馥郁的特点，同时具有现代月季四季开放、色彩丰富的特性。耐心、格拉姆斯城堡、月光漫步、朱丽叶等的花朵都为奥斯汀花型。

自由精神

【英 文 名】Spirit of Freedom

【原 产 地】英国

【花　　型】重瓣

【香　　型】浓香

【开 花 性】多季开花

它花型比较饱满，外瓣为白粉色，越往内粉色越深。

自由精神的花瓣很多，可以达到 50 片以上，是花瓣数量最多的蔷薇属植物之一。

自由精神一年能开 2~3 次花，但主要在春季和夏季开花。

自由精神多头开花，一根枝条上就能够开出 3~5 朵花。

自由精神所形成的“花瀑”

它攀爬性好，适合用来装扮廊架、花墙，但由于花枝细软，花朵容易垂头。不过，有时这种缺点反而使得“花瀑”景观易于形成。

索菲罗莎

【英 文 名】Sophie Rochas

【别　　名】圣菲罗莎

【原 产 地】法国

【花　　型】重瓣

【香　　型】浓香

【开 花 性】多季开花

Tips

高温天气里，索菲罗莎的花朵容易枯萎和焦边。一旦温度超过30℃，要注意遮阴和洒水降温。

索菲罗莎由法国戴尔巴德公司培育，以法国一位女性时装设计师的名字命名。

索菲罗莎是一个多季重复开花的品种，耐阴性好，可以在半阴或全阴的环境下生长。

花型饱满且富有层次感，花朵直径一般在8~10厘米，但偶有12厘米的大花。花香为浓浓的老玫瑰香加柑橘香。

波莱罗舞曲

【法 文 名】Boléro

【原 产 地】法国

【花　　型】重瓣

【香　　型】浓香

【开 花 性】多季开花

这种花的名字来自于法国作曲家莫里斯·拉威尔的经典作品《波莱罗舞曲》，人们也常称它为“菠萝”或“小仙女”。

它的外层花瓣为白色，花芯部分为淡粉色。花瓣数量比较多，花型为标准的杯状。夏花会偏小，颜色也偏淡。

它是一个浓香品种，花朵在开放后会释放极为浓烈的水果味花香。不过，浓郁的花香也使得波莱罗舞曲的单花花期较短，春花和秋花能维持5天左右，夏花只能开3天。不过这也是浓香型品种的共同特点，因为芳香油会加速花朵的凋败。

巴比伦埃利都

【拉丁学名】*Rosa* 'Eridu Babylon'

【原 产 地】荷兰

【花　　型】单瓣 / 半重瓣

【香　　型】淡香

【开 花 性】多季开花

巴比伦埃利都是一个古老而历史悠久的苏美尔城邦。巴比伦埃利都植株高40~60厘米。勤花，花瓣数量4~8片，花朵直径3~5厘米。

花瓣为粉色，基部近白色。花色会因开花时间的长短、光线的强弱和温度的高低而有所变化。

花瓣带有细腻的银粉渐变光泽。

婚礼的钟声

【英 文 名】Wedding Bells

【原 产 地】德国

【花　　型】重瓣

【香　　型】浓香

【开 花 性】多季开花

婚礼的钟声由德国科德斯月季育种公司培育，植株最高为80厘米，适合盆栽。它的味道很奇特：起初是经典的玫瑰甜美香气，随着花朵开放，散发出浓重的没药香气。香气最浓郁的时候是中午和晚上。

红晕大夫人

疑似柔毛粉蔷薇

缫丝花

【拉丁学名】*Rosa roxburghii* Tratt.

【原 产 地】中国

【花　　型】单瓣 / 重瓣

【香　　型】淡香

【开 花 性】一季开花

单瓣缫丝花的花呈盘形，花朵直径 4~6 厘米。

叶片为椭圆形或长圆形，有锯齿，脉纹明显，两面均无毛。

单瓣缫丝花

缫丝花的花期为5~7月，因花期与煮茧缫丝的时节相吻合而得名。

缫丝花喜光，散射光最有利于其生长，喜湿润环境，不耐干旱、瘠薄。

缫丝花有一个与大多数蔷薇不同的特征：成熟的茎干树皮会成片状剥落。

单瓣缫丝花的果实

单瓣缫丝花的果实呈扁球形，成熟后为独特的黄色。而重瓣缫丝花是不结果实的。

单瓣缫丝花的果实有“维C之王”的美誉，可用来制作果酒、果汁和保健品。

缫丝花具有很高的药用价值，据《四川中药志》记载，缫丝花的花、叶、果、子均可入药，有健胃、消食、滋补、止泻的功效。

重瓣缫丝花

缫丝花分单瓣和重瓣两种。单瓣缫丝花以粉红秀美的花朵和金黄色的花药为特色；重瓣缫丝花则以中间玫红，外层淡粉色的渐变为特色。

重瓣缫丝花的花朵形状并不十分圆，因而在日本也被称为“十六夜蔷薇”。

赛昭君

【原 产 地】中国

【花　　型】重瓣

【香　　型】淡香

【开 花 性】多季开花

赛昭君的花半开时像少女含羞，完全打开后又有种凌乱之美。

赛昭君株高 1.5 米左右，花朵直径一般在 8 厘米左右，粉色的花瓣边缘有红色的晕染，有一种淡淡的桃李香。

赛昭君在天气过热时容易长出“鼻毛”。

绽放后期，花色会变成粉紫色，花型也变为莲座状，花朵直径最大可达 12 厘米。

庞巴度

【英 文 名】Pompadour

【别　　名】庞巴度夫人

【原 产 地】法国

【花　　型】重瓣

【香　　型】浓香

【开 花 性】多季开花

庞巴度由法国的戴尔巴德公司培育。花香为老玫瑰香中混合着柠檬果香和大马士革香。它株型紧凑浑圆，分枝多，主干直立，生长速度快，并自带优秀的抗病基因，很好养护。

双花伞房蔷薇

【拉丁学名】*Rosa* ‘corymbifera’

【花　　型】单瓣

【香　　型】淡香

【开 花 性】一季开花

双花伞房蔷薇被认为是白蔷薇的祖先之一。它与犬蔷薇十分相似，最大的不同是叶片：双花伞房蔷薇的叶片两面都布满绒毛；犬蔷薇的叶片上面无毛，下面有毛。

仁慈的赫敏

【英 文 名】Gentle Hermione

【别　　名】温柔的赫敏

【原 产 地】英国

【花　　型】重瓣

【香　　型】浓香

【开 花 性】多季开花

仁慈的赫敏以莎士比亚《冬天的故事》中女主角的名字命名。植株高大约1.2米，花朵直径约为10厘米。花色是很婉约的粉色，花瓣带有珍珠光泽，开放时边缘会逐渐褪色。它的香气为经典的玫瑰香中混合着一丝果香和没药香。

单瓣百叶蔷薇

无名蔷薇

羽毛

【英 文 名】Plume

【原 产 地】日本

【花　　型】重瓣

【香　　型】中度

【开 花 性】多季开花

羽毛因花朵仙气十足，被人们亲切地称为“小仙女”。

Tips

牙签苗是指用植物枝条扦插而成的幼苗，是苗木的一种最小尺寸，一般高度为10~20厘米，根系较弱，主枝很细。

羽毛是河本纯子的代表性作品之一，它的花瓣很多，很轻盈，呈莲座状分布，层次分明。花型圆润，多头开花。香气为中等的玫瑰香，浓淡适宜。花量充沛，很容易出现“爆盆”的美景。要想让羽毛多开花，就要让它多见阳光，并勤施薄肥，多加修剪。

羽毛在牙签苗期间就会开花，但由于枝条还很纤弱，所以花朵会出现垂头现象，等植株长壮后，花朵就会变得挺直了。

羽毛的花朵极不耐晒，夏日单朵花的花期只有两三天，而且花谢后，就会生红蜘蛛。

霞多丽

什罗普郡少年

【英 文 名】A Shropshire Lad

【原 产 地】英国

【花　　型】重瓣

【香　　型】浓香

【开 花 性】多季开花

什罗普郡少年生长速度快，抗病能力强，而且非常耐寒。

它的花香为浓郁的果香。

随着花朵盛开，外层花瓣会逐渐外翻，且颜色变得更淡。

花型为杯状，花色为桃粉色，且从内至外逐渐变浅。

知识链接

什罗普郡为英格兰西米德兰兹的一个单一管理区。《什罗普郡少年》则是英国维多利亚后期的著名诗人和古典文学学者 A.E. 豪斯曼所写的一本诗集的名字。

外瓣有时带有一丝丝绿色。

花语：温柔、纯真。

花瓣薄，数量不多，具有独特的鱼尾波浪边。

人鱼公主

【英 文 名】Mermaid Princess

【别　　名】美人鱼

【原 产 地】荷兰

【花　　型】重瓣

【香　　型】淡香

【开 花 性】多季开花

人鱼公主得名于安徒生的同名童话，是荷兰迪瑞特公司培育的一个“网红”品种。

它的花色为淡雅的粉色，饱和度不高，花型丰盈饱满，但偏松散，多头开放。花朵盛开后具有淡淡的清香。

英国遗产

芭蕾舞女

薰衣草少女

它的花朵为深杯状，完全重瓣，花朵直径约10厘米，大而香，花朵在开放过程中会释放一种类似柑橘味或柠檬味的浓香。

肯特公主的枝条较细软，花朵易垂头。

肯特公主

【英文名】	Princess Alexandra of Kent
【原产地】	英国
【花　型】	重瓣
【香　型】	浓香
【开花性】	多季开花

肯特公主植株的可塑性很强，直立性好，分枝能力也不错，有很强的横向扩张能力。肯特公主的生长速度极快，很容易就能形成茂密的株丛。

少校百叶蔷薇

【拉丁学名】*Rosa centifolia* ‘Major’

【原 产 地】欧洲

【花　　型】半重瓣

【香　　型】浓香

【开 花 性】一季开花

少校百叶蔷薇是百叶蔷薇的一个半重瓣品种，最早的有关少校百叶蔷薇的记录是在 1597 年。

它植株健壮，易栽培，花型奇特：整体呈盘状，半高芯翘角，在盛开时会呈现四个花芯。这种花型就是俗称的“四芯花”（quartered bloom form)，它的这个特征被很多现代品种继承了下来。

具有四个花芯的现代代表性品种：

伦敦眼

伦敦眼以其独特的橘粉色花朵和丰富的花瓣层次而闻名。

多洛塔

多洛塔的外层花瓣边缘为深紫色且带有褶皱，花头较大，整体呈现出复古而典雅的美感。

大花法国蔷薇

柔毛蔷薇变种

法国蔷薇杂交种

雷杜德蔷薇

乡村少女

往日情怀

布鲁塞尔市的花朵盛开后会有“纽扣眼”。

布鲁塞尔市

【法 文 名】La Ville de Bruxelles

【原 产 地】法国

【花　　型】重瓣

【香　　型】浓香

【开 花 性】一季开花

布鲁塞尔市诞生于1846年，属百叶蔷薇类。花芯部分为粉红色，边缘颜色稍浅，花朵总是小簇群开，但只能春季或夏季一次开花。

它香气强烈，香调以大马士革香为主，并有微弱的水果香和草木香。

布鲁塞尔市具有良好的抗病性，在耐阴、耐寒和耐热方面也表现优异。

知识链接

布鲁塞尔是比利时的首都和最大的城市，也是欧盟的主要行政机构所在地。布鲁塞尔也是欧洲历史上的文化中心之一，雨果、拜伦和莫扎特都曾在此居住过。

玛丽皇后

【德 文 名】Königin Marie

【原 产 地】德国

【花　　型】重瓣

【香　　型】浓香

【开 花 性】多季开花

玛丽皇后是德国的科德斯公司为纪念汉诺威的玛丽皇后而培育的。

它的花朵为优雅的粉红色，重瓣，花朵直径 8~10 厘米，拥有浓郁的柑橘、天竺葵、苹果和辛辣香料混合在一起的香气，以中午和晚上的香气最为浓烈。

有时玛丽皇后的花色会呈现为紫红色或玫红色。

杏花村

【英 文 名】Betty Prior

【花　　型】单瓣

【香　　型】浓香

【开 花 性】多季开花

杏花村花朵直径 7 厘米左右，耐旱、耐热，可以多季开花，观赏性好，是街头绿化应用最广的绿植之一。

权杖之岛

【英 文 名】Scepter'd Isle

【原 产 地】英国

【花　　型】重瓣

【香　　型】浓香

【开 花 性】多季开花

花型为浅杯状，花朵直径9厘米左右，盛开时中心的黄色花蕊会显露出来。

权杖之岛

权杖之岛是大卫·奥斯汀培育的一个具有强没药香的品种，花色为可爱的粉红色。

花瓣比较薄软，数量也较少，但排列规整，毫不散乱，质感温润。

权杖之岛分枝性好，容易多头，是大花里面少有的多头品种。

知识链接

没药是橄榄科没药树的树脂。没药香是一种深沉的木质香味，有些类似于枇杷露或者清凉油，总之是一种透着清凉的味道。

拿破仑的帽子

拿破仑的帽子

【拉丁学名】*Rosa × centifolia cristata*

【法 文 名】Chapeau de Napoléon

【别　　名】拿破仑冠冕

【花　　型】重瓣

【香　　型】浓香

【开 花 性】一季开花

拿破仑的帽子学名叫凤冠百叶蔷薇，是最著名的苔蔷薇之一。

晨雾

少女心

【英 文 名】	Respride Fille
【别　　名】	伊芙乙女心
【原 产 地】	日本
【花　　型】	重瓣
【香　　型】	浓香
【开 花 性】	多季开花

花型重瓣，圆润饱满，包裹性好。

少女心的花朵层次感很强，外层花瓣为象牙色，中心部分则是草莓粉色。

少女心由日本的园艺师今井清培育，是伊芙伯爵的杂交后代。

它的花色会随气温改变：低温条件下，花色会变得深邃；而在夏天的高温天气中，则会变成粉白色。

Tips

少女心对光照要求比较高，当光照不足时，枝条会变得软且长，呈现出“八爪鱼”的形态。

枝条光滑无刺，有可能是无刺蔷薇的芽变品种。

群舞

【英 文 名】	Group Dance
【原 产 地】	日本
【花　　型】	重瓣
【香　　型】	淡香
【开 花 性】	多季开花

群舞的植株高3米左右，是大型藤本植物。群舞的花朵较小，花朵直径只有2厘米左右，花色为粉色或粉白相间，春季花量巨大。

格里费尔蔷薇品种

灌丛蔷薇变种

Single variety of Boursault Rose

单瓣布尔索蔷薇

海葵的叶子油亮有光泽，由此可知这一品种抗病能力不错。

海葵的花苞比较圆润，形似小球儿。

海葵的花瓣多而密集，样子很奇特，边缘好似轮齿，有人形象地称它的花瓣为“菊花爪”。

海葵

【英文名】	Sea Anemone
【别　名】	海的女儿
【原产地】	荷兰
【花　型】	重瓣
【香　型】	淡香
【开花性】	多季开花

海葵整朵花的样子很像海葵，一枝多花，花量大。春秋季节花色偏紫，夏季花色偏粉白。

海葵植株矮小，植株高度一般在60~70厘米，枝条生长速度快，直立性好，本是为了做切花而培育的品种，后也普遍用于地栽和盆栽。

Tips

海葵在高湿度的条件下，易受到蚜虫和白粉病的侵扰，养护过程中要多加注意，及时防治。

细瓣苔蔷薇

粉色达·芬奇

【拉丁学名】*Rosa* ‘Leonardo da Vinci’

【原 产 地】法国

【花　　型】重瓣

【香　　型】淡香 / 无香

【开 花 性】多季开花

粉色达·芬奇的花色为浅粉色或亮粉色，极具视觉冲击力，基本无香或有微香，花瓣厚实，花型特别饱满，短枝开花。粉色达·芬奇花朵很大，花朵直径最大可达14 厘米，粉色达·芬奇的单花花期超长，可达半个月以上。

它极耐雨淋和烈日暴晒，恶劣天气对花型的影响很小。

Tips

粉色达·芬奇的复花性稍显不足，通常只在春天“爆花”，在夏季和秋季只能少量开花，因而养护过程中不宜过早剪枝。

粉色达·芬奇易招蚜虫，养护过程中需勤撒药进行防护。

五月花

莫奈

初恋

草莓山

舍农索城堡的女人

【法 文 名】	Dames de Chenonceau
【别　　名】	达梅斯
【原 产 地】	法国
【花　　型】	重瓣
【香　　型】	浓香
【开 花 性】	多季开花

舍农索城堡的女人由法国的戴尔巴德公司出品。它的花色在粉色、橙黄色和杏色间变换，有时还会出现烟棕色和薰衣草色。花朵的香味很好地融合了果香和香草的芬芳，令人陶醉。

它分枝性好，可用于打造花墙、花柱和花拱门，同时对花盆种植也很适应。

知识链接

舍农索城堡（又称雪侬梭城堡或女人城堡）是法国的一座古老城堡。

Variety of Sweet Briar

疑似甜蔷薇变种

Variety of small Damask Rose

小花秋大马士革蔷薇

处女座

戴安娜玫瑰

【英 文 名】Diana

【别　　名】粉贵族

【原 产 地】德国

【花　　型】重瓣

【香　　型】淡香

【开 花 性】多季开花

花语：爱上你是我今生最大的幸福。

戴安娜玫瑰是德国丹陶公司在 1989 年培育而成的切花品种，它与粉荔枝、艾莎齐名。

戴安娜玫瑰花香清新怡人，花色为高贵的亮粉色，花瓣触感柔软细腻，外瓣短而内瓣逐层加长，花瓣间交织出细腻的纹理。高芯卷边，整体的样子像高脚杯，显得恬静、典雅。

知识链接

英国王室有一个独特的传统，那就是在庆祝重大节日时，会以王室成员的名字来给花卉命名，以表达敬意与喜悦之情。这种命名不仅是对节日的庆祝，更是个人尊贵身份的彰显。

粉花康乃馨蔷薇

【拉丁学名】*Rosa Centifolia* CV.

【花　　型】重瓣

【香　　型】无香

【开 花 性】多季开花

粉花康乃馨蔷薇是百叶蔷薇的一个罕见变种，因花瓣酷似康乃馨的花瓣而得名。由于花朵样式奇特，粉花康乃馨蔷薇一度成为欧洲贵族争相栽种的品种。

粉花康乃馨蔷薇多头开花，花重瓣，莲座状，花朵直径较小，几乎没有香味，可夏、秋两季开花。

维苏威火山

粉佳人的花色为纯正的浅粉色，花朵直径 8~10 厘米，它植株较矮小，非常适合种植在阳台等小空间中。

花语：铭记于心的爱。

粉佳人的花茎长且粗壮，直立性好，瓶插美观，花期长。

粉佳人是一个来自玫昂国际月季（玫瑰）公司的品种。玫昂国际月季（玫瑰）公司是法国的一家知名培育公司，它培育出了玫昂爸爸、龙沙宝石、奶油伊甸园、红色达·芬奇、粉和平等知名品种。

龙沙宝石

龙沙宝石是玫昂国际月季（玫瑰）公司1985年推出的知名品种。

奶油伊甸园

奶油伊甸园问世于2007年，以独特的奶油绿色花朵而闻名。

红色达·芬奇

红色达·芬奇于2005年面世，为一个广受欢迎的品种。

粉佳人

【英 文 名】Nirvana

【原 产 地】法国

【花　　型】重瓣

【香　　型】无香

【开 花 性】多季开花

粉佳人是一个经典老品种，问世于1977年，以高杯状花型和四季开花的特点深受人们喜爱。

半开状态的粉佳人

犬蔷薇变种

安德鲁斯单瓣百叶蔷薇

艾莎

【英文名】	Jumilia
【别　名】	朱米莉亚
【原产地】	荷兰
【花　型】	重瓣
【香　型】	无香
【开花性】	多季开花

花语：我的心中只有你。

花型为标准的高杯状，花朵直径8~10厘米。它可单头或多头开花，直立性好，花枝粗壮、无刺，叶片肥厚、翠绿，是一个优质的切花品种。它单花花期很长，秋冬季节清水瓶插能保持20天花型不变，就算是夏天，单花也能开一周左右。

艾莎的不足之处主要有两个方面：一是复花速度与其他优质切花品种相比稍慢，二是几乎无香。

艾莎玫瑰被誉为“玫瑰中的劳斯莱斯”，取名自电影《冰雪奇缘》的主角艾莎公主。

白艾莎

近年来市场上出现了艾莎的芽变品种白艾莎。

白艾莎的花色为奶油白色，初开时花芯部分会有一丝粉红色，但完全开放后会变成纯白色。它花茎较长，直立性较好，叶片革质。

Tips

艾莎对土壤的要求较高，在排水良好、富含有机质的土壤中才能获得良好的生长效果。在生长旺盛的季节，最好经常给艾莎施点儿含磷、钾的花肥，以补充土壤肥力。

五号香水

【英 文 名】Pink Fragrance

【花　　型】重瓣

【香　　型】浓香

【开 花 性】多季开花

五号香水的名字来源于闻名全球的香水香奈儿五号。五号香水花色为深浅不一的粉色，花型与粉荔枝很像，但比它更加圆润。香味浓郁而富有魅力，让人迷恋。

五号香水开放度极佳，花型保持得比较持久。

花语：爱的泪珠。

泰姬陵

【拉丁学名】*Rosa* ‘Taj Mahal’

【花　　型】重瓣

【香　　型】浓香

【开 花 性】多季开花

泰姬陵的花瓣厚实，数量不是很多，但花型较立体。

泰姬陵的花期为夏季至秋季，气味浓烈，可用于地栽和盆栽。繁殖方式为无性繁殖，扦插的成活率较高。

草莓冰山

芳纯

花语：希望。

花瓣轻盈、通透且自带光晕。

梦之光环

【英 文 名】	Dream Light
【原 产 地】	日本
【花　　型】	重瓣
【香　　型】	中度
【开 花 性】	多季开花

梦之光环花型很圆，花色富于变化，外瓣为粉色，内瓣多为奶黄色。花香浓度中等，为经典的老玫瑰香。它植株强壮，适应性好，抗病能力强，多头开花，复花快，是很适合新手养护的一个品种。

梦之光环不怕太阳晒，越晒花色越红。

Tips

梦之光环在生长过程中需要适当“打顶”，以抑制顶端优势，促进侧芽的生长发育，从而使花量更大。

法国蔷薇变种

小花蔷薇

伦敦眼

【英 文 名】London Eye

【原 产 地】荷兰

【花　　型】重瓣

【香　　型】淡香

【开 花 性】多季开花

伦敦眼被誉为“切花之王”，其名字来自坐落在伦敦泰晤士河畔的摩天轮“伦敦眼”。

花语：爱的宣言。

它的花色为橘粉色，花瓣繁复华丽。

它花型独特，一共有四个花芯，开出来的是非常完美的四芯大花。

枝条健硕，能很好地支撑花朵的重量和保持株型的稳定。

花朵完全开放后，可以看到中间的绿芯，因绿芯与鼻毛神似，因而它又被称为“鼻毛玫瑰”。

知识链接

为什么有些玫瑰会长出“鼻毛”？

其实，长“鼻毛”是一种增殖现象，为植物的花苞在孕育时期出现的二次发育现象。这种现象出现的原因目前尚无定论，有可能是植物在外界环境急剧变化的情况下产生的应激反应。

伦敦眼目前有三个芽变品种，分别为伦敦钟、伦敦时代和伦敦桥。

伦敦钟

伦敦时代

伦敦桥

皇家普罗万蔷薇

【拉丁学名】*Rosa gallica* Hybr.

【英 文 名】Provins of Royal

【花　　型】重瓣

【香　　型】淡香

【开 花 性】一季开花

这种蔷薇的花朵硕大，花瓣层层叠叠，显示出雍容华贵的皇家气度。

Tips

普罗万是法国的一个小镇，它是世界上唯一一个保存了13世纪建筑真实性的古镇。

烛台蔷薇

【拉丁学名】*Rosa × reversa*

【法 文 名】De Candolle Rose

【花　　型】单瓣

【香　　型】淡香

【开 花 性】一季开花

这种蔷薇的植株枝条舒展，形态很像多头烛台。

Portland Rose 'Rose Du Roi'

半重瓣大马士革蔷薇

Prickly variety of Burnet Rose

多刺芹叶蔷薇

克里斯蒂娜公爵夫人

【德 文 名】Herzogin Christiana

【别　　名】尘世天使

【原 产 地】德国

【花　　型】重瓣

【香　　型】浓香

【开 花 性】多季开花

克里斯蒂娜公爵夫人的花朵饱满厚实，花瓣紧凑密集，层次丰富，中心花瓣为浅粉色，越向外花瓣的颜色越淡。

香气为浓香型，持久且富于变化，为柠檬、香槟、接骨木和覆盆子混合在一起的味道。淋雨对克里斯蒂娜公爵夫人的香气影响很大，一旦淋雨，花香就会变得有霉味。

克里斯蒂娜公爵夫人的花型非常“包”，花朵开放到后期包裹性依然良好，不会松散。

Tips

克里斯蒂娜公爵夫人枝条生长旺盛，要经常修剪以保持树形美观。

另外，它的生长需要充足的光照，光照不足会影响开花状况。

情书

【法 文 名】Billet Doux

【花　　型】重瓣

【香　　型】淡香

【开 花 性】多季开花

情书的花色为淡雅的粉色，粉色中有白色条纹若隐若现，花朵呈高脚杯状，花蕊较小，花瓣层数较少，香味很淡，几乎闻不到。

凡尔赛玫瑰

【别　　名】拉尼娜

【原 产 地】法国

【花　　型】重瓣

【香　　型】中度

【开 花 性】多季开花

花色为淡珍珠粉，在凉爽的天气里，颜色会变得更加明亮，花瓣有着天鹅绒般的质感。

凡尔赛玫瑰是官方认定的“凡尔赛之花”。植株高度 80~100 厘米，花型高芯卷边，花朵直径 8~12 厘米，香气为玫瑰香与柑橘香的结合。由于花色较淡，所以耐热性、耐雨性都偏差，气温过高或淋雨都会影响花型的完美度。

Tips

凡尔赛宫花园官方曾要求玫昂国际月季（玫瑰）公司按照《拿玫瑰花的玛丽·安托瓦内特》这幅画中的蔷薇花进行复制，创造出一种既复制画中的花型和花色，但又更加强健抗病且能多季开花的现代品种。后来，这一新培育的品种便被命名为“凡尔赛玫瑰”，并被种植在凡尔赛宫的花园里供游人欣赏。

平阴玫瑰

【原 产 地】中国

【花　　型】重瓣

【香　　型】浓香

【开 花 性】多季开花

平阴玫瑰的栽培历史可追溯至唐朝，是山东省重要的文化遗产。平阴玫瑰花大瓣厚色艳，香味浓郁，适宜食用和药用。从明代开始，平阴人已经将玫瑰花用于酿制玫瑰酒，制作玫瑰酱和风味糕点。现在，平阴玫瑰已被广泛应用于食品行业、医药行业和化工行业。

疑似佚名腺萼蔷薇

黄玫瑰的花语：纯洁的友情，最真挚的祝福，请原谅我。

黄玫瑰

优雅与高贵

波斯蔷薇

【拉丁学名】*Rosa persica*

【别　　名】波斯黄蔷薇

【花　　型】单瓣

【开 花 性】一季开花

波斯蔷薇的花朵非常特别：花瓣为鲜艳的金黄色，每片花瓣的基部都是深红色。花单生于枝顶端，萼片披针形，枝条上有硬皮刺，单叶互生，边缘有锯齿。波斯蔷薇的“红眼”特征使它广受青睐，且“子孙兴旺”，后世的“非洲少女”“天使之眼”“时尚巴比伦”等具有“红眼”特征的品种都是以它为亲本培育出来的。

在我国新疆地区也有这种蔷薇分布，只是在《中国植物志》的记载中，它的名字是小蘗叶蔷薇（*Rosa berberifolia*），所以学术界有时把这两种蔷薇作同种异名处理。

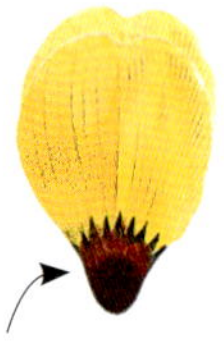

波斯蔷薇的花瓣基部为深红色。

时尚巴比伦的花瓣为粉紫色，花瓣基部为深紫色，多头开花。

重瓣硫黄菊蔷薇

【拉丁学名】*Rosa hemisphaerica*

【别　　名】重瓣黄蔷薇

【香　　型】淡香

重瓣硫黄菊蔷薇为直立小灌木，花色淡黄，花瓣极多，叶片较小，耐寒性不佳，在欧洲是较受欢迎的切花品种。

重瓣硫黄菊蔷薇的花蕾近似球形。

花朵盛开后会形成漂亮的“纽扣眼”。

重瓣硫黄菊蔷薇原产于亚洲西南部地区。它并非一个野生品种，而是一个园艺种类。在它被引进欧洲之前，欧洲还没有大花的黄色蔷薇。为引进它，植物学家查尔斯・德・莱克吕斯多次前往土耳其，花费了整整 20 年时间。而它一到欧洲便成了人们争相栽种的品种。

异味蔷薇

【拉丁学名】*Rosa feotida*

【别　　名】奥地利黄铜、单瓣黄蔷薇

《本草要义》的作者为约翰·杰拉德，书中记录了 16 世纪西方人对世界范围内植物的认知情况，堪称西方植物史上的一部奇书。

异味蔷薇花色鲜艳，花瓣为深黄色，单瓣，但也有重瓣的，皮刺直立，较耐寒。

异味蔷薇因花朵在盛开时会散发出些许异味而得名，原产于中东地区，历史久远，早在 1597 年英国出版的《本草要义》一书中已有对它的描述。尽管味道欠佳，但在黄色花很少见的 19 世纪的欧洲，它还是大受欢迎，并成为现代玫瑰的重要亲本。

现代月季的明亮黄色和火焰色调就来自异味蔷薇类。

哈里森黄蔷薇的花瓣为金黄色，小叶 7~9 枚，植株健壮，枝条浓密，分枝性好，耐寒、耐旱、耐阴，抗病性较好，几乎不需要人工养护就能生长得很好。

哈里森黄蔷薇于1824 年被美国一位名叫乔治·福利奥特·哈里森的律师培育出来，是异味蔷薇的杂交品种。

哈里森黄蔷薇

【拉丁学名】*Rosa×Harisonii*'Lutea'

【别　　名】得克萨斯黄蔷薇

【原 产 地】美国

【开 花 性】一季开花

哈里森黄蔷薇的亲本为异味蔷薇和茴芹叶蔷薇。

异味蔷薇

茴芹叶蔷薇

无名的裘德

【英 文 名】Jude the Obscure

【别　　名】朦胧的朱迪

【原 产 地】英国

【花　　型】重瓣

【香　　型】浓香

【开 花 性】多季开花

无名的裘德是英国大卫·奥斯汀 1995 年培育出的品种，在英国被广泛种植，花大而香，多头开放。

这款花是以英国作家托马斯·哈代创作的最后一部长篇小说《无名的裘德》的名字命名的。

无名的裘德的花朵的颜色从内向外逐渐变淡，花芯部分为杏黄色，花瓣边缘为浅黄色，一深一浅，层次分明，花瓣数量约 55~70 枚。生长速度快，勤花，花朵开放数量较多。香气浓郁，会散发香甜的水果香。

无名的裘德可做藤本，也可以修剪成灌木种植，适合用作切花，也适合种植在花境中或容器栽植，抗病性较强。

除无名的裘德外，我的心、朱丽叶、龙沙宝石、蓝色绒球、真宙等的花朵也为包子状花型。

龙沙宝石

蓝色绒球

真宙

花蕾硕大，
为嫩黄色。
花朵饱满，从盛开
到凋零都保持着完美的
包子状。

撒哈拉 98

【英 文 名】Sahara’98

【原 产 地】德国

【花　　型】重瓣

【香　　型】淡香

【开 花 性】多季开花

撒哈拉 98 花朵直径一般为 8 厘米左右，多头成簇开放，一般是 5~10 朵一起开放。花量多，开放时间较持久，长势旺盛，生命力强。

撒哈拉 98 的花色是不断变化的：初开时为深黄色，之后随着时间推移，花朵的颜色会逐渐加深，直至变成橙黄色，之后又会逐渐褪色为柠檬黄。

美人鱼

【英 文 名】Mermaid

【花　　型】单瓣

【香　　型】浓香

【开 花 性】多季开花

美人鱼的花朵为淡黄色，带有金色的花蕊，花朵直径可达 12 厘米，常常是数朵成簇开放，从远处望去，颇为壮观美丽。

它有着长而强壮的枝条，枝条上有大大小小的尖刺，打理时需格外注意。植株高大，可长到7米左右。

美人鱼抗病性较强，有着很好的耐阴性，可以在半阴或全阴的条件下大量开花。

黄金庆典

【英 文 名】Golden Celebration

【原 产 地】英国

【花　　型】重瓣

【香　　型】浓香

【开 花 性】多季开花

黄金庆典是大卫·奥斯汀为纪念英国女王伊丽莎白二世登基 40 周年而培育出的新品种，既有古典月季的浓郁香味，也有现代月季的浪漫。

黄金庆典的花朵，艳丽醒目，初开时为茶香味，后期则变成酒香味。它株形丰满，花朵硕大，花朵直径可达 12 厘米，是英国月季中花朵最大的品类之一，非常适合用于庆典场合。植株可以长成小型藤本，用来装饰花篱或花墙。

Tips

1. 黄金庆典喜欢温暖、光照充足的环境，可将其放置在朝南的阳台上或庭院中，以保证充足的光照。但夏季高温时需适当遮阴，避免强光直射导致叶片和花朵被灼伤。

2. 如果将黄金庆典作为灌木种植，要在合适的时间节点进行修剪；如果将黄金庆典作为藤本培养，对长枝条要及时牵引，同时确保藤蔓和藤蔓之间有足够的缝隙见光透风。

布莱斯之魂

【英 文 名】Blythe Spirit

【原 产 地】英国

【花　　型】重瓣

【香　　型】淡香

【开 花 性】多季开花

布莱斯之魂的叶子呈鲜绿色，很是小巧。

布莱斯之魂的花朵小巧可爱，直径约 7~8 厘米，呈杯状，刚开放时花朵为纯黄色，但慢慢会褪色为白色或略带粉色的白色。

布莱斯之魂具有淡淡的没药香，多季节重复开花，花量丰富，抗病性较强，适合种植在花境中，是非常好的园林花卉。

米开朗琪罗

米开朗琪罗的花名来自文艺复兴时期的“美术三杰”之一米开朗琪罗，由玫昂国际月季（玫瑰）公司培育。它的花色为明黄色，具有浓烈的柠檬香。

文艺复兴“美术三杰”为达·芬奇、拉斐尔和米开朗琪罗。

米开朗琪罗出生于佛罗伦萨附近的卡普莱斯，多才多艺，兼雕刻家、画家、建筑家和诗人于一身，代表作有雕塑《大卫》和壁画《创世纪》等。

鹅黄美人

【英 文 名】Buff Beauty

【别　　名】泡芙美人

【原 产 地】英国

【花　　型】重瓣

【香　　型】浓香

【开 花 性】多季开花

鹅黄美人的花朵直径 6~7 厘米，花量多，带有甜美的麝香味道。其花色初期为杏黄色，随着花朵的开放，杏色会逐渐褪去，变为浅黄色和奶油白色的混合。鹅黄美人的植株不高，但生长旺盛，攀缘性好。

鹅黄美人的香气具有很强的挥发性，而且相当持久，即便花谢味道也不会完全散发掉。

鹅黄美人枝叶轻盈，这是它从麝香蔷薇那里继承的优点。

鹅黄美人的黄色来源于淡黄香水月季，而非异味蔷薇，因而对黑斑病的抗性要好于一般的黄色藤本品种。

鹅黄美人的花朵和叶片都可以入药，具有清热解毒、活血化瘀、消肿止痛等功效。

黄木香

【拉丁学名】*Rosa Banksiae* f.（Lindl.）Rehd.

【原 产 地】中国

【花　　型】单瓣 / 重瓣

【香　　型】浓香

【开 花 性】一季开花

黄木香的花朵多为重瓣，但也有少量单瓣的品种，花朵直径约 2.5 厘米，花瓣排列紧凑，花初开时为黄白色，而后会慢慢变为金黄色。花量较多，无刺，枝条下垂，可牵引做造型，很适合用于装点庭院花架或篱栅。

传说，玉皇大帝出游时会用黄木香来铺路。

花语：我是你的俘虏。

Tips

1. 黄木香是非常喜欢光照的植物，养护的过程中一定要让它有充足的光照，光照越充足，黄木香的枝条长得越旺盛，花开得越多，香味越馥郁。

2. 黄木香的花香沁人心脾，但久闻会使人不舒服，因而并不适合养在封闭的空间内。

叶片为椭圆形或长圆状披针形，边缘有细锯齿。

金徽章花梗硬挺、直顺。

金徽章

【英 文 名】Golden Emblem

【原 产 地】美国

【香　　型】无香

金徽章高芯翘角，姿态优美、典雅，前期的花色为微微泛白的金黄色，后期色泽会渐渐消退，显露出隐藏着的红色花蕊。这种红黄两色的搭配，更显得它像金光闪闪的徽章。

朝圣者

【英 文 名】The Pilgrim

【别　　名】天路

【原 产 地】英国

【花　　型】重瓣

【香　　型】浓香

【开 花 性】多季开花

这款花的花芯为明亮的淡黄色，而边缘的花瓣接近白色，花型为标准的四等分杯状。花朵直径约 8 厘米，开放形式为小簇集群开放，单根花枝能同时开一串花。香气清新自然，带有茶香和没药香。

朝圣者植株强健，生长速度快，但在高温季节花朵可能会变小。它枝繁叶密，是极好的绿化、美化、点缀装饰植物，花朵可做切花。

Tips

朝圣者为比较容易感染上霉斑病的一个品种，要注意防治。具体的防治方法包括通风透光、及时清理枯枝败叶、控制湿度、合理浇水等。

诗人的妻子

【英 文 名】The Poet's Wife

【原 产 地】英国

【花　　型】重瓣

【香　　型】浓香

【开 花 性】多季开花

这款花的名字和样子都充满诗意。花朵饱满，花瓣厚实，花芯部分是柠檬黄色，外瓣则为淡淡的白色。盛开时，花朵会散发出强烈的柑橘果香。

诗人的妻子复花性非常好，几乎是持续不断地有花开放，而且从小苗开始复花性就很不错。它清爽的果香会随着花朵的开放逐渐变得甜美、浓郁。

诗人的妻子最大的不足是抗病性较差，易长黑斑，多雨地区尤其需要注意黑斑病的防治。

炼金术士

【英 文 名】Alchymist

【原 产 地】德国

【香　　型】浓香

炼金术士只能春季或夏季一次性开花。花朵直径10厘米左右，颜色多变，在气温影响下，花色会在橙黄和金黄之间转换，且花开之后会渐渐褪色。

晴天泡泡

晴天泡泡的花朵为明亮的金黄色，它也因此被誉为“扫除阴霾，悦目暖心”的魔力之花。

法国电台

【英 文 名】France Info

【别　　名】法兰西电台

【原 产 地】法国

【花　　型】重瓣

【香　　型】浓香

【开 花 性】多季开花

法国电台是为纪念法国第一个 24 小时广播的节目播出 15 周年而培育的，问世于 1987 年。

法国电台的花朵为明黄色，花朵直径 8~10 厘米，花瓣边缘呈波浪状，偶尔有粉色渐变，杯状花型，可多季节重复开花。香气清新，为柑橘、薄荷和黑醋栗混合的味道，在花苞期香气会更浓烈一些。抗病能力较强，可以抵御大多数一般性病害，保持自身良好的健康状态。

Tips

夏季之后，花枝长势旺盛，可以进行修剪，以有利于来年开花时维持较矮小的株型，促进更多新枝萌发。

金色阵雨

【英 文 名】Golden Shower

【原 产 地】美国

金色阵雨的花朵在开放后颜色会逐渐变浅，这就使得同一植株上的不同花朵呈现出浓淡不同的黄，有时花朵上还会带上一点儿粉，别有一番雅趣。

枝茎微微发红也是金色阵雨一个很鲜明的特点。

花语：永结同心，血脉相连。

金枝玉叶的花瓣上有明显的“美人尖”。

金枝玉叶

【花　　型】重瓣

【香　　型】淡香

【开 花 性】多季开花

金枝玉叶的黄是暖心的黄，被誉为“最黄的玫瑰”，花色纯净且稳定，从初绽到花谢，这种色泽始终如一。花朵直径 8~12 厘米，卷瓣高芯，花瓣数量 30~50 片，枝茎上无刺。金枝玉叶的花香是淡淡的清香，不那么浓烈。

金枝玉叶作为现代月季中的优秀品种，在花卉文化中也逐渐崭露头角，常常被用于各种花卉展览、婚礼庆典等场合。金枝玉叶以其优雅的花姿，承载着美好、幸福与高贵的寓意，已然成为人们传递情感、寄托祝福的鲜活载体。

月光女神的花朵大而饱满，初开时为迷人的杯状，完全开放后呈平盘状。花朵直径8~12 厘米，花瓣质感厚，层次丰富，外围的花瓣略带绿色。月光女神和金枝玉叶都是目前常见的切花品种。

月光女神淡雅的色彩，如同月光般柔和，给它带来了一层神秘感；它淡淡的清香悠远持久，为它添上了一份无言的魅力。

花语：清新、自然、温暖的爱。

月光女神

【花　型】重瓣

【香　型】淡香

【开花性】多季开花

月光女神象征着爱情、浪漫和永恒，适合用于深情告白。

Tips

月光女神的养护技巧：

养护：1/2 水位养护。

修剪：修叶，根据花瓶高度修长度。

换水：1~2 天换一次水，换水时修剪根部，清洗花瓶和花茎。

耐心

【英 文 名】Patience

【原 产 地】英国

【花　　型】重瓣

【香　　型】浓香

【开 花 性】多季开花

耐心的颜值非常高：花色为独特的奶油黄与象牙白的结合；花瓣数量众多，带有波浪边，层层叠叠，极富层次感；未开及半开时呈茶杯状，显得温柔婉约。花朵直径 8~12 厘米，花瓣厚实，花香为浓郁的老玫瑰香，可用于生产切花。

耐心的花朵在雨中易变得不好看，因此适合种植在阳光房或者大棚里，以减少雨水对花朵的影响。在种植过程中，需要注意给予足够的阳光和适量的水分，保持土壤排水良好，以确保其健康生长。

还有一款花名为“斑马耐心”，虽然名字与耐心很相似，但这两个品种之间其实没有太大的关系。斑马耐心又叫斑马运气，是日本园艺师今井清于 2013 年培育出的一个灌木品种，而耐心是大卫·奥斯汀于 2004 年左右培育的，原产于英国。

Tips

耐心的养护难度稍高，需要一定的经验和技巧才能让其开出标准的花朵。它不太适合露天种植，较适合盆栽在室内。

太阳仙子

【英 文 名】Sunsprite

【原 产 地】德国

【花　　型】重瓣

【香　　型】浓香

【开 花 性】多季开花

太阳仙子是德国科德斯月季育种公司培育出的优良品种。花朵直径一般在10厘米左右，花色为深黄色，勤花、多花，但花型易散。株型紧凑直立，抗病性较强，可地栽、盆栽，也可用作切花。

太阳仙子的香气很出色，据说能和红双喜比肩。

红双喜的香味浓郁而迷人，即使将其切下瓶插在室内，也能满屋飘香。

格雷厄姆·托马斯

【英 文 名】Graham Thomas

【原 产 地】英国

【花　　型】重瓣

【香　　型】浓香

【开 花 性】多季开花

格雷厄姆·托马斯是最流行的花卉品种之一，由英国大卫·奥斯汀培育而成，是以英国植物学家、月季专家格雷厄姆·托马斯的名字命名的。

它的香味为浓烈的茶香并带有一点儿清爽的紫罗兰香，但香气在温度变低时会变淡。

开放时微微外翻的花瓣让它显得有几分俏皮可爱。

初开时，花芯呈明亮的黄色，随着花慢慢开放，花芯颜色会一点点变深，最终变为橙色。

奶油杯

【英 文 名】Butter cup

【别　　名】暖玉

【原 产 地】荷兰

【花　　型】重瓣

【香　　型】无香

【开 花 性】多季开花

奶油杯的外瓣为奶油白色，花芯为黄色，呈现出渐变效果，整体看上去就像甜点奶油杯一样。花朵直径 8 厘米左右，杯状花型，丰花，复花速度快，耐晒、耐热，抗病性较强。

奶油杯的枝头非常挺拔，在花朵开放的时候会让花头像是仰起来一样，极大地提高了观赏效果。

藤本金兔子

【英 文 名】	CL. Gold Bunny
【原 产 地】	法国
【花 型】	重瓣
【香 型】	淡香
【开 花 性】	多季开花

藤本金兔子属于大型藤本月季，可攀缘至4米。花朵直径一般10厘米左右，相比于其他的黄色月季显得更加硕大、饱满，成簇开放。在花朵完全开放时，会露出金色的雄蕊。

花型比较松散，花瓣带有漂亮的波浪边。温度低的时候，能够长时间保持颜色稳定，但天气炎热的时候，会逐渐褪色为柠檬黄色。

枝条长而软，上面的刺比较少，易于打理。

希灵顿夫人

【英 文 名】	Lady Hillingdon
【原 产 地】	英国
【花 型】	重瓣
【香 型】	浓香
【开 花 性】	多季开花

希灵顿夫人的花朵为杏黄色，花朵直径8~12厘米，勤花，耐热，耐寒，抗病性较强，分枝良好，可用于做切花。它可多季开花，但以秋季开的花最为美丽。

希灵顿夫人的枝条纤细，风一吹，枝头娇嫩的黄色花朵便会随风摇曳，尽显婀娜之美。花朵的香气为甜美的茶香，上午时芳香尤为浓烈，是现存最好的茶香品种之一。

希灵顿夫人有灌木和藤本两种形式。灌木形式于1910年被培育出来，藤本问世稍晚，1917年才培育成功。

大奖章

【英 文 名】Medallion

【原 产 地】美国

【花　　型】重瓣

【香　　型】淡香

【开 花 性】多季开花

花朵最大的蔷薇属植物为伟大世纪。伟大世纪又叫伟大时代，是著名品种娜荷马的亲本，花朵直径在 18 厘米左右，养护得宜花朵直径可达 20 厘米以上。

伟大时代的花朵是粉色的，带有浓郁的老玫瑰香气，植株高度 80~100 厘米，抗病性非常好，也非常耐寒，在零下 20℃的环境下可以自然越冬。

伟大世纪

大奖章属大花月季，花朵标准直径 14~16 厘米，最大直径可达 18 厘米（也有说法为 20 厘米以上），花瓣数量 35~40 枚。花的颜色为淡杏黄色，但会随气温的变化而变化，到了凉爽的秋季，颜色会变成浅杏粉色，花型也会变散。喜温暖、日照充足、空气流通的环境，抗病性好，耐寒，适应能力强。

自由

夏洛特 · 奥斯汀

【英 文 名】Charlotte Austin

【原 产 地】英国

【花　　型】重瓣

【香　　型】中度

【开 花 性】多季开花

这款花是以大卫·奥斯汀的孙女夏洛特·奥斯汀的名字命名的，与同色系的格雷厄姆·托马斯有着很近的亲缘关系。

夏洛特·奥斯汀的花朵为柔和的淡黄色，初开时为杯状，但随着慢慢盛开花型逐渐变为莲座状，花朵直径一般10厘米左右，耐寒性好。高温下花朵开放时间不会很长，有一种甜美的茶香。植株较矮小，适合在花盆中栽培。

碧翠丝

【英 文 名】Beatrice

【原 产 地】英国

【花　　型】重瓣

【香　　型】浓香

【开 花 性】多季开花

碧翠丝的花朵大而紧实，花朵直径可达15厘米，花瓣排列整齐，数量多，边缘为波浪形，端庄之中又有几分柔美。它可以四季开花，但以春秋两季时的花朵最为美丽，夏花表现稍差。植株强壮，长势旺盛，抗病性强，丰花、勤花，瓶插寿命较长，是优质的切花品种。

它的香为蜂蜜香、丁香香和杏仁香的混合。

碧翠丝植株强壮，枝条硬朗，根系发达，具有很强的抗病能力，栽培难度不高。

月华

月华的花瓣比较厚实，颜色为饱和度很高的黄色。花苞紧实，开放度一般，有淡淡的香味。月华的花型与金枝玉叶很相似。

月华

秋月

秋月的花很大，为满芯卷边的花型。它株型矮小且丰花多头，非常适合盆栽种植。

秋月一般用嫁接的方式繁殖，扦插成活率较低。

秋月

阳光玫迪兰

阳光玫迪兰具有卓越的抗病能力，是当前抗病能力最强的明黄色月季品种之一。植株直立紧凑，花期持久且耐雨淋，它不怕高温，在盛夏也能大量开花。

月光漫步

【英 文 名】Moonwalk

【别　　名】黄荔枝

【原 产 地】荷兰

【花　　型】重瓣

【香　　型】淡香

【开 花 性】多季开花

花语：温暖的爱。

月光漫步的花朵为明亮的黄色，花朵直径8厘米左右，高杯状花型，花瓣厚实，质感好。花朵外部的保护瓣带有些许绿色，单花花期可长达半个月，夏季也可以很好地开花。它的花茎较长，而且没有刺，是优良的切花品种。

金香玉

金香玉又叫“金玉满堂”和“黄金玫瑰”，属大花品种，它的花朵为金黄色，花型为姿态优雅的高芯杯状，它香味微弱甚至无香，植株直立且无刺。

萤火虫之地

【英 文 名】Rikuhotaru

【原 产 地】日本

【花　　型】重瓣

【香　　型】浓香

【开 花 性】多季开花

萤火虫之地的花朵直径 11 厘米左右，花瓣排列紧凑，花色是柔和的亮黄色，受温度影响，有时也会开出淡杏色的花。外瓣颜色较浅，会形成渐变的效果，有较高的欣赏价值。萤火虫之地的花朵为大花，枝条柔软，故易垂头。萤火虫之地开花性好，自然条件下可从春天一直开到深秋，丰花、勤花，但开花时间较短，褪色较快。

萤火虫之地的植株比较矮小，株高只有 60~90 厘米，但分枝性不错，使得整体的株型比较圆润。身上刺不多，只在老枝根部有些许皮刺，新枝则完全无刺。

布卢门·施密特

【英 文 名】Blumen Schmidt

【原 产 地】德国

【花　　型】重瓣

布卢门·施密特的花蕾是粉色的，当它开始绽放时，外层的花瓣会保留花蕾的粉色，但中间会渐变为柠檬黄色。

它的花瓣带有卷边，呈莲座状盛放。

Tips

布卢门·施密特的花朵无法向上绽放，在盆栽时，最好把花盆放到易于观赏的位置上。

柠檬汁阳台

【英 文 名】Lemon Juice Terrazza

【别　　名】黄果汁

【原 产 地】荷兰

【花　　型】重瓣

【香　　型】浓香

【开 花 性】多季开花

柠檬汁阳台是果汁阳台的芽变品种之一，有着柠檬汁一样的花色，中心部分颜色较为饱满，边缘部分的颜色要浅淡一些。花瓣厚实且带有细小的皱边，花香为老玫瑰花香。它植株低矮小巧，高度仅 30~40 厘米，多头集群开放，一个花枝就是一束花，复花能力强，十分适合阳台种植。

果汁阳台的其他几个知名芽变品种：

红色果汁阳台

变色龙果汁阳台

变色龙果汁阳台的颜色富于变化，初开时为红色，开放到后期会变成浅粉色或浅粉和白色混合的颜色。

果汁飞溅

果汁飞溅是果汁阳台的一个很有个性的芽变品种，它的花瓣上有红色的条纹。这些红色条纹的数量会随着环境温度的变化而变化：温度越高，条纹数量越多；温度越低，条纹数量则越少。

圣女贞德

【法 文 名】Jeanne d'Arc

【原 产 地】荷兰

【花　　型】重瓣

【香　　型】浓香

【开 花 性】多季开花

圣女贞德植株不大，直立性强，很适合在阳台上栽种。它株型紧凑、强健，抗病性非常好，易生侧芽，且每个侧芽长出的枝条都是开花枝，几乎没有盲枝。无论是被放置于室内的阳台上，还是被放置于庭院，圣女贞德都有着非常不错的表现。

圣女贞德的内部花瓣呈五角星状分布，味道综合了老玫瑰花香、没药香、麝香和柑橘花香等，特别浓烈。

Tips

圣女贞德的花期偏短，如果开花后及时给它遮阴，能明显延长单花花期。

知识链接

贞德是英法百年战争中的重要人物，她以军事才能和爱国精神闻名，曾带领法国军队多次击败英军，扭转了战争局势，最终却因被诬陷为“异端”和“女巫”而殉难，年仅19岁。

暴风女神

暴风女神的颜色是浅鹅黄色中带有一丝丝橙色，花香清新。花瓣硬挺，外层花瓣较大，带有波浪花边，内层花瓣众多且排列紧密。植株的直立性好，枝条刺比较少，抗病性也非常不错。

暴风女神与橙色风暴花型相似，容易被弄错，但暴风女神的色彩更偏黄色，开放度较低；而橙色风暴的色彩偏橙，开放度较高。

暴风女神

橙色风暴

晴空

【英 文 名】	Sunny Sky
【原 产 地】	德国
【花　　型】	重瓣
【香　　型】	浓香
【开 花 性】	多季开花

晴空的植株高约 1 米，花朵直径 8~10 厘米，花色为淡黄色，具有多季重复开花的特点，勤花，花瓣具有优雅的波浪边，抗病性强，具有良好的适应性。

晴空的刺很多，枝条偏粗，不是很方便修剪。

柠檬马卡龙

【原 产 地】法国

【香　　型】中度

柠檬马卡龙的花朵为柠檬黄色，花色稳定，不易褪色。花朵完全盛开后，会呈现为古典的莲座状。

花香为清新的柠檬香，用手摩擦它的花梗后会闻到特别的胡椒香气。

柠檬朱莉塔

柠檬朱莉塔的花色是明亮的黄色，且呈内深外浅的渐变；花型饱满，多头开花。花瓣厚实，带有褶边和“美人尖”，但数量较少。

它与蜂蜜朱莉塔、贵妇朱莉塔、樱桃朱莉塔、奶油朱莉塔、香草朱莉塔和树莓朱莉塔同属“朱莉塔”系列。

柠檬汽水

【英 文 名】Lemon Fizz

【原 产 地】德国

【花　　型】半重瓣

【香　　型】淡香

【开 花 性】多季开花

柠檬汽水花朵直径 8 厘米左右，颜色为亮黄色，不易褪色，长势强健，抗病性强，勤花，具有良好的耐阴性、耐寒性和耐热性，适宜装点花园、露台或阳台。

柠檬雪酪

【原 产 地】法国

【别　　名】大赦国际

柠檬雪酪的外层花瓣为奶油白色，中心点缀着柠檬黄色，整体显得清新而甜美。花茎粗壮，花朵不易垂头。柠檬雪酪的花朵总是成簇绽放，散发出浓郁的老玫瑰和柠檬的混合香气。

Tips

柠檬雪酪不耐晒，不耐雨淋，养护过程中需要格外注意。

柠檬酒玫迪兰

【原 产 地】法国

【花　　型】半重瓣

柠檬酒玫迪兰株高 1.2 米左右，花朵直径 6~8 厘米。初开时花瓣是充满活力的柠檬黄色，随着开放与温度变化，花色会变成奶油黄色，有时花瓣上会带有粉红色光泽。它喜欢温暖、日照充足、空气流通的环境。

“玫迪兰”是法国的玫迪兰公司培育的一个系列，包括柠檬酒玫迪兰、薰衣草玫迪兰、美思泰玫迪兰和龙舌兰玫迪兰。

阳光古董

【英 文 名】Sunny Antike

【原 产 地】德国

【花　　型】重瓣

【香　　型】浓香

【开 花 性】多季开花

阳光古董是德国科德斯公司培育的“古董”系列之中的一个品种。它的植株枝多叶密，叶片表面光滑、翠绿、油亮。花朵直径可达12厘米，颜色是亮眼的柠檬黄色，花瓣数量较多，排列比较规整。花朵初开时呈包子状，完全开放后则变成杯状。

“古董”系列有阳光古董、浪漫古董、焦糖古董、天鹅古董和奶糖古董等品种。

天鹅古董

浪漫古董

阳光古董具有粗枝大叶的特点，抗病能力很强。

Tips

阳光古董的花苞不耐低温，初春时如果温度太低，可能会影响开花，养护时要多加注意。

阳光笑容花瓣质地较硬，这种质感使它的花朵比较耐晒。

阳光笑容

【英 文 名】Shining Smile

【原 产 地】日本

【花　　型】重瓣

【香　　型】淡香

【开 花 性】多季开花

阳光笑容花型圆润饱满，稍显蓬松，花朵的黄色中略带一点儿橙色。花瓣边缘初开时微红，带有细碎的波浪边。阳光笑容的花朵属大型花，最大直径可达 15 厘米。阳光笑容可四季群开，单朵花能绽放 10 天以上。

阳光笑容的叶片油亮有光泽，脉络明显；分枝性好，不需要打顶就能枝繁叶茂；香味很淡雅，只有在温暖的晴天香味才比较明显。

贝壳

【英 文 名】Shell

【原 产 地】日本

【花　　型】重瓣

【香　　型】淡香

【开 花 性】多季开花

贝壳的花朵为亮黄色，伴有乳白色的波浪边，花朵直径 10 厘米左右。花型圆整饱满，精致美丽。贝壳植株相对矮小，但抗病性好，比较强健，属于切花月季品种。单花花期可长达 15 天，后期会褪色。

贝壳是很容易繁殖的品种，扦插成活率高，没有明显的休眠期，一年四季都可生长，生长速度很快，新枝、老枝都会开花。

花瓣的形状有些像贝壳。

狮子座阳台

【英 文 名】Leo Terrazza

【原 产 地】荷兰

【花　　型】重瓣

【香　　型】淡香

【开 花 性】多季开花

Tips

培育方式和培育地区的不同，可能导致狮子座阳台的花色出现轻微差异，但核心色调仍以橙黄为主。种植过程中，可以通过调整土壤酸碱度（pH 值）或调整施肥方案来优化植株的色彩表现。

狮子座阳台为“星座”系列品种之一。花朵直径 8~10 厘米，花色为灿烂的金黄色，香气温和耐闻，新老枝可同时开花，群开时观赏效果极佳。可以多季节重复开花，抗病能力强，单花花期可以维持一个星期以上。

狮子座阳台比较明显的不足是耐寒性偏差，不太适宜北方地区种植。

金丝雀

【英 文 名】Canary

【别　　名】富贵金丝鸟

【原 产 地】德国

【花　　型】重瓣

【香　　型】淡香

【开 花 性】多季开花

金丝雀的花朵呈黄色，在阳光的照耀下，犹如黄金般璀璨夺目，枝条光滑，叶片油亮有光泽，抗病能力强。花朵直径一般 4~5 厘米，花瓣饱满，花量较大，如果养护得当，一年四季都可以开花，因而有“开花机器”的美称。金丝雀的花非常“包”，被人们亲切地称为“奶黄包”。它植株矮小，可以栽种在阳台上，很适合生活在都市中的人们种植。

金丝雀单朵花的花期很长，生长条件适宜，可以一直开十几天不败。

黄金海岸

【英 文 名】Sunny Beach Forever

【别　　名】阳光沙滩

【原 产 地】丹麦

【花　　型】重瓣

【香　　型】淡香

【开 花 性】多季开花

黄金海岸的花朵直径一般 10 厘米左右，单朵或多头开放，株型紧凑，分枝性好，叶片油亮有光泽，花色为亮黄色。

黄金海岸具有较强的适应性，可以在不同的土壤中和气候条件下生长。植株直立性强，耐雨淋。

黄金海岸具有较强的抵抗力，但它仍然可能受到白粉病、蚜虫和红蜘蛛等病虫害的侵扰。

花语：热情、真挚、高贵。

凯特琳娜

【英 文 名】Catalina

【花　　型】重瓣

【香　　型】近乎无香

【开 花 性】多季开花

凯特琳娜的花朵开放前形态像小包子，开放后中间会形成好看的“纽扣眼”。外层花瓣为浅黄色，大而带有绿韵；内层花瓣为奶黄色，排列紧密。花芯呈五角星形。

凯特琳娜是多头型花，花头圆润可爱，花朵直径约 8 厘米，在多头玫瑰中算是比较大的，但花茎较软，容易垂头，养护时需要搭建支撑物。

西西里舞曲

【英 文 名】	Sicilienne
【别　　名】	西西里安
【原 产 地】	日本
【花　　型】	重瓣
【香　　型】	浓香
【开 花 性】	多季开花

西西里舞曲的名字取自法国作曲家福雷的舞曲名字《西西里舞曲》。

西西里舞曲的花朵直径一般 10 厘米左右，是嫩黄色的莲座状花型，花朵成簇开放，花瓣层层叠叠。开花枝细长，枝干光滑，刺非常少，而且抗病性好，耐热性强，单花花期比较持久。

西西里舞曲是 17~18 世纪时起源于意大利西西里岛的一种古老舞曲，法国作曲家福雷创作的此类舞曲最为出名。

马可·波罗

这款花是以意大利探险家马可·波罗的名字命名的。

花型为半剑瓣高芯，花色为稍深一些的金黄色，但随着开放时间的延长会褪色。

1271 年，马可·波罗同他的父亲、叔父从威尼斯出发，经过黑海和波斯（今伊朗），于 1275 年夏天抵达中国元朝的上都（今内蒙古自治区锡林郭勒盟正蓝旗境内）。

马可·波罗回国后，写了一本名为《马可·波罗游记》的书。他是第一个横穿亚洲大陆并详细记录在东方的见闻的人，为西方世界了解中国作出了一定贡献。

红玫瑰的花语：我爱你。

红玫瑰

激情与勇气

疑似布尔索红枝蔷薇

重瓣法国蔷薇变种

疑似半重瓣沼泽蔷薇

【拉丁学名】*Rosa palustris* CV.

【英 文 名】Semi-double variety of Marsh Rose

【花 型】半重瓣

这种蔷薇的叶片狭长，与沼泽蔷薇、半重瓣小花沼泽蔷薇相似；它的花是半重瓣的，与沼泽蔷薇有所不同。

与半重瓣小花沼泽蔷薇相比，它同一花枝上着生的花要少一些。

单瓣月季花

【拉丁学名】*Rosa chinensis* ‘Single’

【花 型】单瓣

西方的月季是从中国引入的，大约250年前，欧洲的植物猎人将其寻觅到的中国古老月季通过商船运回了欧洲。后来，这些月季在欧洲经过繁衍演变出众多品种。这种单瓣月季应该就是用那些辗转到达欧洲的中国月季培育出来的。

目前存世的古老单瓣月季已经相当稀少，“人面桃花”“猩红单瓣月季”等是为数不多的尚存品种。

“月季”通常指月月开花的蔷薇，它还有许多别称，如月月红、月贵花、胜春、长春花等。

在西方，月季花则一度是指株型直立矮小，叶片细长，花瓣数量多，花梗细长，能四季开花的蔷薇。

高卢百叶蔷薇

【拉丁学名】*Rosa gallica*×*Rosa centifolia*

【花　　型】重瓣

高卢百叶蔷薇的花瓣窄而短，花色接近朱红色。

萼片两侧分裂成了羽毛状，形态特征明显。

古罗马人把现今法国、比利时、意大利北部、荷兰南部、瑞士西部和德国南部莱茵河西岸一带统称为高卢。

高卢蔷薇俗称“法国蔷薇”，但实际上法国蔷薇并非只在法国才有野生品种分布，在中欧、南欧、中亚地区都有踪迹。不过，大多数法国蔷薇都是19世纪时在法国培育出来的，具有生性坚韧、适应性强、长势快等优点。

卡罗来纳蔷薇

【拉丁学名】*Rosa carolina*

【别　　名】牧场蔷薇

【花　　型】单瓣

【开 花 性】一季开花

卡罗来纳蔷薇在美国的卡罗来纳州相当常见，在高地、山谷和沿海平原地区都可见到它的身影。卡罗来纳蔷薇也是第一批登陆欧洲的美国本土蔷薇属植物之一。

卡罗来纳蔷薇的花瓣多为浅红色，但也有粉色的。

卡罗来纳蔷薇最易识别的地方是其雌蕊呈红色。

沼泽蔷薇

【拉丁学名】*Rosa palustris*

【英 文 名】Marsh Rose

【花　　型】单瓣

【香　　型】浓香

Tips

在美国的佛罗里达州的沼泽中见到沼泽蔷薇尽量不要靠近，因为它的花丛之下常有短吻鳄休息。

它的羽状复叶有5~7片小叶。

它的果实呈坛形。

沼泽蔷薇一般高1~4米，枝茎上长有小刺，是少数可以在极潮湿环境中生活的蔷薇属植物之一。野生的沼泽蔷薇多生长在美国佛罗里达州至加拿大东部的沼泽地区。它花色艳红，花朵直径较大，有着香甜的味道。

约瑟芬皇后

【拉丁学名】*Rosa* 'Francofurtana'

【英 文 名】Empress Josephine

【花　　型】重瓣

约瑟芬皇后是以法兰西第一帝国第一位皇后的名字命名的，很是高贵典雅。

约瑟芬皇后枝干挺立，几乎无刺；叶片为倒卵形，呈灰绿色，叶面平滑，叶梗处生有附属叶，花茎上有硬毛，萼片颀长，向四周伸展。

风中玫瑰

【别　　名】四风之花
【原 产 地】法国
【花　　型】重瓣
【香　　型】淡香 / 中度
【开 花 性】多季开花

风中玫瑰的花朵大但不垂头，花色是亮眼的胭脂红，花期超长，养护得宜可开花一年，香味为淡淡的覆盆子香，是很多人心中的宝藏品种。

风中玫瑰对生长环境的要求比较高：阳光要充足，温度要适宜，湿度不能太高或太低，土壤的排水性也要良好。

另外，它的枝条柔软，易倒伏，需要适时搭建支架支撑。

玫瑰国度的天使

【别　　名】玫瑰天使、蒙马特共和国
【原 产 地】法国
【花　　型】重瓣
【香　　型】中度
【开 花 性】多季开花

玫瑰国度的天使是四季都会盛开的优良品种，且四季花色各有不同：春天是偏紫红或深红，夏天是大红偏玫红，秋天是暗红，到了冬天则是非常正的正红色。叶片油亮有光泽，不易生虫。

它的花型为深杯状，花朵直径约 10 厘米，单花花期 7 天以上。它的枝条具有一定的匍匐性，比较柔软，易于造型、牵引。

灰白叶月月红

【拉丁学名】*Rosa chinensis* CV.

【花　　型】半重瓣

【开 花 性】多季开花

“月月红”又被称为“唐红”，但其实早在唐朝之前它就已经被培育出来了，而“月月红”这个名字是到宋代才有的，意思也很好理解，是说这种花月月都能开出红花来。

中国野生的单瓣月季花属月月红类群的原始种，是当今世界上所有能多季开花的月季、玫瑰和蔷薇的共同祖先。

这种月月红是一个半重瓣品种。

这种月月红的叶子背面呈灰白色。

1. 经现代基因技术测定发现，月月红既含有野生单瓣月季花的基因，又含有多花蔷薇的基因。

2. 中国野生单瓣月季最早是由奥古斯汀·亨利于 1902 年在湖北宜昌发现的。

单瓣微型月季

【英 文 名】Variety of Fairy Rose

【原 产 地】中国

【花　　型】单瓣

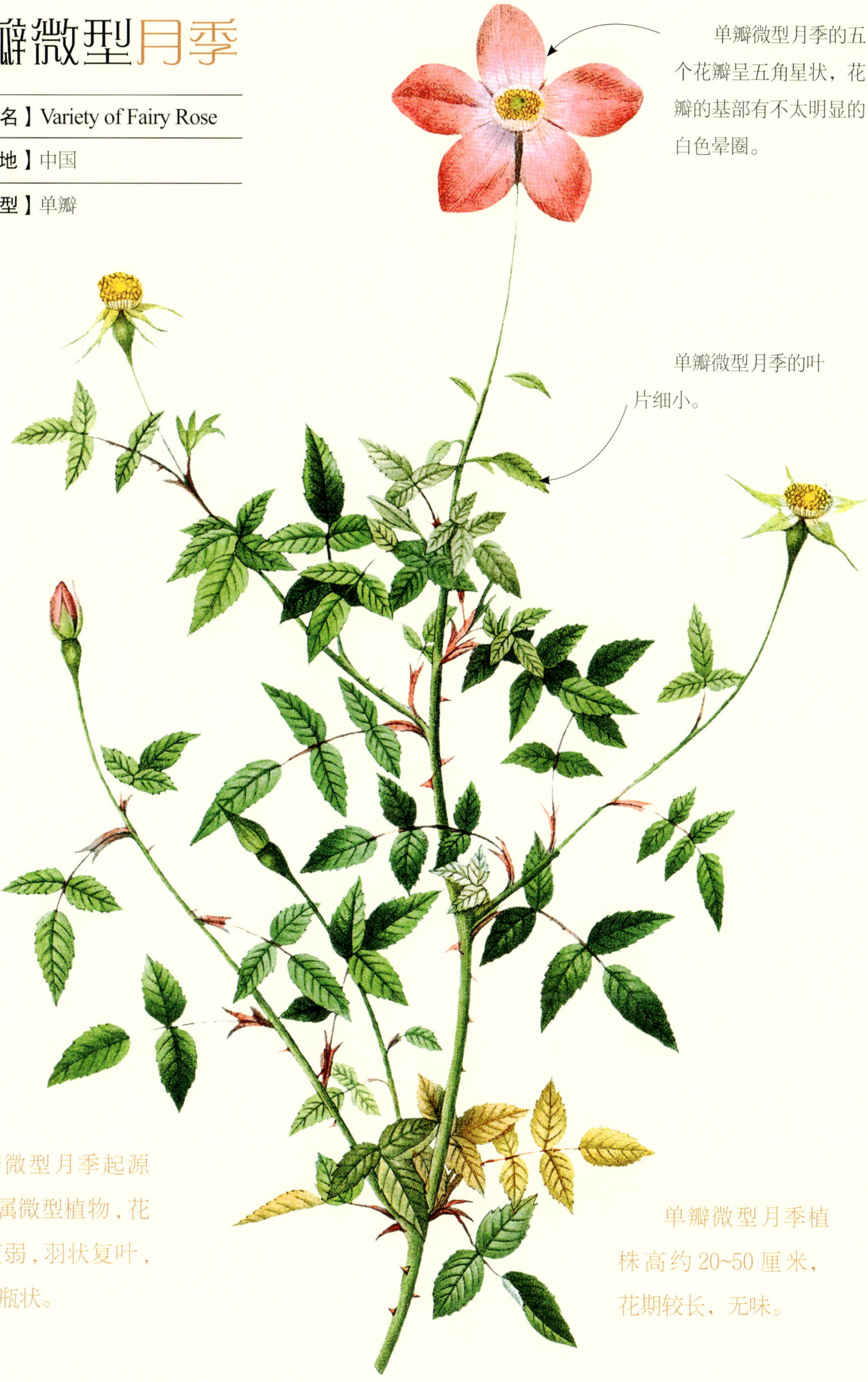

单瓣微型月季的五个花瓣呈五角星状，花瓣的基部有不太明显的白色晕圈。

单瓣微型月季的叶片细小。

单瓣微型月季起源于中国，属微型植物，花枝纤细瘦弱，羽状复叶，托叶呈宝瓶状。

单瓣微型月季植株高约20~50厘米，花期较长，无味。

猩红月月红

【拉丁学名】*Rosa chinensis* ‘Multipetala’

【花　　型】重瓣

【开 放 性】多季开花

“月月红”还有一个别名——“断续花”，命名者为明末清初的文学家、戏剧家李渔。他在《闲情偶寄》一书中有过“人无千日好，花难四季红。四季能红者，现有此花，是欲矫俗言之失也。花能矫俗言之失，何人情反听其验乎？缀屏之花，此为第一”的感叹。

不过，欧洲人眼中的月月红却是我们俗称的“月月粉”。

百叶蔷薇的花朵硕大而圆润，内瓣多而排列紧密，样子很像卷心菜。

百叶蔷薇

【拉丁学名】*Rosa centifolia* CV.

【花　　型】重瓣

百叶蔷薇是一个复杂的杂交品种，在欧洲有着悠久的栽培历史，品种很多。从1580年到1710年，人们至少培育出了200个百叶蔷薇品种。

百叶蔷薇皮刺和毛刺共存。

百叶蔷薇的香味清澈而甜美，带有淡淡的蜂蜜气息，一直是“世界香水之都”法国格拉斯镇传统手工调香的重要原料。法国格拉斯镇种植的百叶蔷薇一直是香奈儿、迪奥和娇兰等著名品牌制作香水的重要原料。

粗齿百叶蔷薇

【拉丁学名】*Rosa centifolia* CV.

【英 文 名】Variety of Cabbage Rose

粗齿百叶蔷薇的叶片锯齿粗大。

粗齿百叶蔷薇是百叶蔷薇的一个栽培变种。其叶脉深陷，枝干既有小皮刺，又有小毛刺，花梗密被腺毛。百叶蔷薇在17世纪时深受欧洲画家的青睐，因而其身影常出现在静物油画当中，也因这个缘故，百叶蔷薇又得了个“画家蔷薇”的别名。

法国樱草蔷薇

【拉丁学名】*Rosa gallica* var. *pumila*

【花　　型】单瓣

法国樱草蔷薇是法国蔷薇的一个矮生变种，株高只有30厘米左右，株型张开，根部萌蘖较多。

枝茎多刺，花色有粉红色、深红色、紫红色和纯紫色，另有一些带有斑纹的品种，大多数品种具有浓郁的香味。

法国樱草蔷薇的皮刺是弯曲的。

法国蔷薇的全盛时期是18世纪，据说当时有上千个品种。目前，绝大多数欧洲古老月季和现代月季都有法国蔷薇的血统。

伞房锈红蔷薇

【拉丁学名】*Rosa rubiginosa* var. *umbellata*

【花　　型】单瓣

伞房蔷薇（*Rosa corymbulosa Rolfe* ）的花序与木香有些类似。所谓伞房花序，是指多朵蔷薇花生长在几乎等长的花梗上，每个花梗的顶端生着一朵花，就像雨伞的伞骨一样。

锈红蔷薇还是一种实用性很强的蔷薇属植物。第二次世界大战时，英国政府曾发动英国人民采摘锈红蔷薇的果实来泡水喝，以补充维生素 C。

现在，锈红蔷薇的果实多被用来制作化妆品。

半重瓣草地蔷薇

【拉丁学名】*Rosa agrestis* CV.

【英 文 名】Semi-double variety of Grassland Rose

【花　　型】半重瓣

此种蔷薇花瓣的外缘有心形凹口。

此种半重瓣草地蔷薇叶片边缘十分锐利。

此种半重瓣草地蔷薇株型较小，分枝较多，耐看且生命力顽强，格外受怀旧派园丁的喜爱。

半重瓣草地蔷薇是一个人工培育的品种，因为单瓣野生蔷薇在自然环境中是不可能重瓣化的。

垂枝蔷薇

【拉丁学名】*Rosa pendulina*

【英 文 名】Alpine Rose

【别　　名】雪山蔷薇、高山蔷薇、垂果蔷薇

【花　　型】单瓣

垂枝蔷薇因常见于欧洲的高山上，所以在欧洲又被称为“高山蔷薇”。垂枝蔷薇簇生，每簇1~5朵，没有花香，结红色长颈瓶状果实。

垂枝蔷薇的花瓣是深红色的，一度被认为是欧洲花色最深的蔷薇。

垂枝蔷薇的花梗细长且柔弱，无法承受花朵的重量，因而导致花朵常垂悬下来。

因其长颈瓶状的蔷薇果实总是从枝条上垂悬下来，垂枝蔷薇又有了“垂果蔷薇”的别号。

半重瓣小花沼泽蔷薇

【拉丁学名】*Rosa palustris* CV.

【英 文 名】Semi-double variety of Marsh Rose

【花　　型】半重瓣

半重瓣小花沼泽蔷薇的花朵小巧可爱，簇生；花瓣窄而长，样子类似菊花瓣，内缘泛白，外缘有心形凹口；花色呈浅粉与深红混合的色调；叶片与沼泽蔷薇极其相近。

它与沼泽蔷薇最大的不同是：一个为半重瓣，一个为单瓣。

由于自然环境持续恶化，所有沼泽蔷薇的生存已面临严重威胁。

沼泽蔷薇的花

传奇

【英 文 名】Legend

【花　　型】重瓣

传奇完美吸纳了其他红玫瑰的优点，以丰满的大花朵和厚实的花瓣著称。花瓣拥有丝绒般的质感，颜色为正红色或深红色，艳丽沉稳。花期较长，易保存，是切花市场上优秀的品种之一。

Tips

用途与场合

传奇色彩艳丽、形态独特，常被用来表达爱意，适合在表白、求婚等场景赠送，还可以用于婚礼现场的装饰。同时，传奇也适用于庆祝节日或重要的纪念日。在花艺设计中，传奇也是非常受欢迎的花材，多用于制作花束、花篮等。

花语：独特、神秘、浪漫、永恒的爱。

传奇的花朵直径一般在10厘米左右，朵大饱满，多是单头开放，因而开放时间会比多头的品种更长。

红色城堡

红色城堡的花瓣具有复古丝绒质感，边缘略有黑边。其根系发达，成年植株最高可长到3.5米。它的应用十分广泛，装点花柱、花墙、拱形门和花园都很适合。

红色城堡的缺点是稍显娇气，易生病，需要用心照料。

卡门

【英 文 名】Carmen

【香　　型】浓香

卡门的香气多变且好闻，有着类似柠檬、苹果夹杂着茶香的香味，且它的香气会随着花朵的开放而逐渐变化。卡门长势较为旺盛，多头开花，植株高可达 2 米。卡门的花瓣较薄，容易被雨水打烂，在多雨地区种植时需要注意防护。

探险家

【英 文 名】Explorer

【原 产 地】荷兰

【花　　型】重瓣

【香　　型】淡香

【开 花 性】多季开花

探险家植株高 1.2 米左右；花朵完全盛开后直径可达 13 厘米；花色为正红色，在温度不同时，会呈现出从正红色到黑红色的渐变。

探险家的花瓣厚实饱满，边缘微微卷起，独具韵味，丝绒质感强，数量在 25 枚左右。探险家的花期长且耐保存，曾于 2016 年荣获“最佳保鲜期红玫瑰”称号。

探险家的花朵很大，将它的花与花朵直径只有 4~5 厘米的金丝雀进行对比，我们能更直观地感受它的花有多大。

探险家的花

金丝雀的花

Tips

探险家的花比较怕水，如果水分在花瓣上长时间聚集易发生腐烂，因而在养护时要尽量避免将水滴溅到花瓣上。

细梗月月红

【拉丁学名】*Rosa chinensis* CV.

【英 文 名】Variety of China

【开 花 性】多季开花

这种月月红因花梗细长而得名，这个特征让它看上去有些弱不禁风。

细梗月月红植株低矮，枝干较直且平滑，细枝繁茂，一年可多次开花，花色猩红。

它花枝柔软，皮刺较少，花瓣深红，与欧洲本地的原始品种有着明显的不同。

穿心百叶蔷薇

【拉丁学名】*Rosa centifolia* CV.

【英 文 名】Variety of Cabbage Rose

【花　　型】重瓣

之所以会出现花中有花的情况，是因为一朵花盛开之时，它的雌蕊畸变成了另一根花枝，且花芽迅速长成了另一朵完整的花。

重瓣法国蔷薇

【拉丁学名】*Rosa gallica* Officinalis

【别　　名】药剂师蔷薇

【花　　型】重瓣

法国蔷薇，也被称为高卢蔷薇或加利卡玫瑰，变种众多，是欧洲三大原种玫瑰之一（另外两种是犬蔷薇和麝香蔷薇）。它也是西方第一种被人工栽培的蔷薇属植物，它的身影出现在了庞贝古城遗迹的壁画中。

重瓣法国蔷薇是法国蔷薇的一个栽培变种，又被称为“药剂师蔷薇”，因为它是西方医药中使用最多的蔷薇。英国莎士比亚时期的药剂师更是将其视为灵丹妙药。

除重瓣法国蔷薇外，法国蔷薇的变种还有大花法国蔷薇、法国蔷薇托斯卡纳、法国樱草蔷薇等。

大花法国蔷薇

法国樱草蔷薇

钟情

钟情是一款复古丝绒红玫瑰，颜色偏暗红，花瓣呈螺旋状排列。

这种法国蔷薇的花瓣呈深紫红色，有着天鹅绒般的质地，花蕊为金黄色。

紫红法国蔷薇

【拉丁学名】*Rosa gallica* ‘Violacea’

【别　　名】紫罗兰蔷薇

【花　　型】半重瓣

紫红法国蔷薇又名“苏丹娜”，而这种花得此名则与一个传说有关。

传说，约瑟芬皇后的堂妹自小便来到法国接受教育，当她学成后乘船返回家中时，不幸被海盗掳去。海盗们将她送给了奥斯曼帝国的苏丹做王妃，而她凭借着自己的才华和胆识一步步掌握了奥斯曼帝国的大权，成为了苏丹娜，创造了新的传奇。

重瓣锈红蔷薇

【拉丁学名】*Rosa rubiginosa*‘Semi-plena’

【别　　名】甜叶野蔷薇

【花　　型】重瓣

重瓣锈红蔷薇是锈红蔷薇的一个变种。

锈红蔷薇原产于欧洲的大部分地区。它的形态特征与犬蔷薇近似，但花朵颜色更深，茎上的皮刺更多。它的皮刺近乎直立，而且十分多。它的这个特点使得它特别适合用来做乡村花园的树篱。

但一离开花园，锈红蔷薇就成了人人喊打的植物。这是因为它不仅会阻碍通行，而且会妨碍牧场动物正常进食。

它的香味不只来源于花朵，还来源于叶子。它的嫩叶在雨后或是被压碎时都可散发出苹果般的清香。

抓破美人脸

【拉丁学名】*Rosa*‘Variegata di Bologna’

【原 产 地】意大利

【花　　型】重瓣

【香　　型】浓香

【开 花 性】一季开花（多集中在春末夏初）

抓破美人脸枝条软硬适中，便于牵引。

抓破美人脸这个名字很有趣，自带画面感。它是一个很古老的品种，1909 年就已被培育出来。它的花朵个性十足：白中透着樱桃红，形成了红白条纹交错的独特样子。

抓破美人脸的花很大，花朵直径可达 10 厘米。

抓破美人脸的缺点也很明显：只能春末夏初开花，其他季节只会偶尔开花；单朵花期短，开得快，凋谢也快；刺又尖又硬。

茶花之中也有一个名叫抓破美人脸的品种，《天龙八部》中曾对这种茶花有过介绍。

条纹无刺蔷薇

【拉丁学名】*Rosa blanda*

【花　　型】单瓣

小叶阔卵圆形，
5~7 枚互生，有叶尖。

条纹无刺蔷薇的
花朵为浅红色的，上
面还带有粉色条纹或
斑点，样子十分奇特。

条纹无刺蔷薇因其
枝干光滑近乎无刺又被
称为“光皮蔷薇”。

条纹无刺蔷薇原产于北美洲，美国多州和加拿大多省均有分布，可在干燥的土壤中生长。它的花朵很大且带有淡淡的果香。

斑点法国蔷薇

【拉丁学名】*Rosa gallica* CV.

【英 文 名】Marbled variety of French Rose

【开 花 性】一季开花

斑点法国蔷薇紫红色的花瓣上带有浅色的斑点，特征鲜明。它的这一特点在过去被认为易感染霉病。

欧洲的葡萄种植园主一度广泛在葡萄种植园中栽种它，因为种植园主们认为它可以起到霉病发生的预警作用。可实际上，它的浅色斑点并非霉点，而是由于基因突变而来，形态与性状十分稳定。

红刺雷杜德蔷薇

【拉丁学名】*Rosa villosa* L. × *Rosa pimpinellifolia* L.

【花　　型】单瓣

【香　　型】淡香

红刺雷杜德蔷薇花瓣略卷曲，外缘有心形凹口，叶片边缘呈锯齿状，果实为卵球形。

赤龙含珠

【拉丁学名】	*Rosa chinensis*‘Chi Long Han Zhu’
【英 文 名】	Variety of China Rose
【原 产 地】	中国
【花　　型】	半重瓣 / 重瓣
【开 花 性】	多季开花

赤龙含珠的龙，说的是这种植物花梗细长且弯曲，样子好像龙头。赤龙含珠说的是深红色的花芯当中好似含着白色的珠子，而白色的珠子说的是当花朵盛开以后，花瓣基部的白色晕斑围成一圈，像是一颗白色的珠子。

单瓣赤龙含珠

【拉丁学名】*Rosa chinensis*‘Single’

【花　　型】单瓣

一般认为，野生的单瓣品种变成重瓣品种需要经过长期的培育，而从重瓣变为单瓣则比较容易。这种变异，也被人们称为“返祖现象”。

单瓣赤龙含珠是赤龙含珠的一个变异品种。其花枝光滑，没有皮刺，有别于它的亲本。

中国的玫瑰文化

在我国悠久的历史长河中，玫瑰历经数千年岁月，沉淀出具有中国特色的玫瑰文化。

清 恽寿平《百花图卷》（局部）绢本

“玫瑰”名称的演变

在我国早期的典籍中，“玫瑰”是玉石或宝珠的名字。《说文解字》认为“玫”作为一个名词是“火齐珠”或“美石”之名，“瑰”则与之同义，而且能作形容词来形容事物圆润美好的样子。《诗经·渭阳》曰：“何以赠之？琼瑰玉佩。”这里的“瑰”就是指“美石”。

唐代时，“玫瑰”作为一种花卉的名称，忽然在文人墨客的诗文中频繁亮相，并且出现了一些记录玫瑰花习性、色泽、移栽情况的作品。此时玫瑰作为花卉的名称逐渐固定下来。

到了现代，由于翻译等原因，欧洲培育的现代月季也被翻译成“玫瑰”介绍到中国，导致现在很多人将切花月季称为“玫瑰”，在日常生活中，人们也常把蔷薇属一系列花大艳丽的栽培品种统称为玫瑰。

我国主要玫瑰种植基地

山东平阴：山东平阴玫瑰种植历史悠久，据民间相传，早在唐代就有僧人慈净在翠屏山下栽植玫瑰。现在的平阴县是驰名中外的玫瑰之乡，所产玫瑰以花大色艳、香味浓郁著称。

新疆和田：以于田县为代表，当地的沙漠玫瑰在塔克拉玛干沙漠边缘顽强生长，形成独特景观。

甘肃苦水：甘肃省永登县的苦水玫瑰被誉为“高原富硒玫瑰”，其花朵色泽鲜艳、香气浓郁、花瓣肥厚且肉质细腻，具有极高的观赏价值和食用价值。

北京妙峰山：妙峰山玫瑰是北京市门头沟区妙峰山镇的特产，生长地多位于海拔700米以上，因此又被称作“高山玫瑰”，除观赏外，还可提取精油、熏茶、酿酒、入药、食用。

云南昆明：昆明全年温暖如春，非常利于花卉生长，包括玫瑰在内的多种花卉在此广泛种植。这里的玫瑰品种丰富，种植技术先进，所产玫瑰不仅供应国内市场，还出口到国外，在国内外花卉市场上具有较高的知名度。

此外，广东中山、江苏铜山等地也是玫瑰的重要产区。

诗画中的玫瑰

从诗词歌赋到丹青墨韵，玫瑰（包括月季和蔷薇）从来都占据着一方独特天地，以娇艳之姿入诗，洇染宣纸之上，让艺术的花园满溢着浪漫与绮丽。

蔷薇

［唐］齐己

根本似玫瑰，繁英刺外开。
香高丛有架，红落地多苔。
去住闲人看，晴明远蝶来。
牡丹先几日，销歇向尘埃。

司直巡官无诸移到玫瑰花

［唐］徐夤

芳菲移自越王台，最似蔷薇好并栽。
秾艳尽怜胜彩绘，嘉名谁赠作玫瑰。
春藏锦绣风吹拆，天染琼瑶日照开。
为报朱衣早邀客，莫教零落委苍苔。

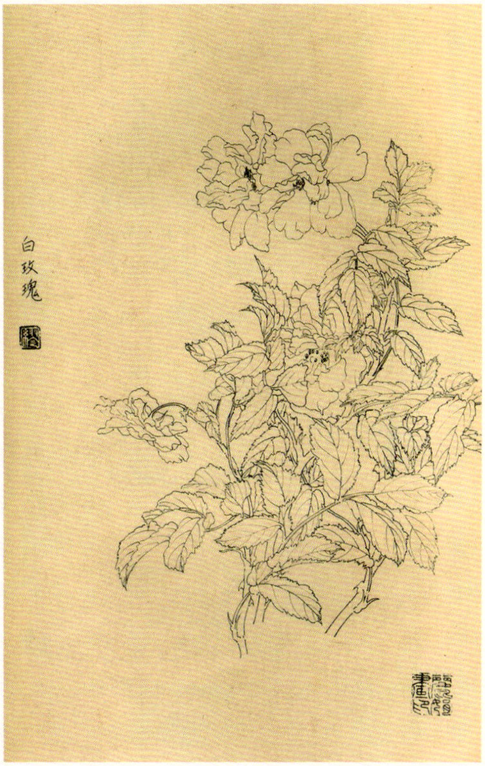

《百花图谱》中的白玫瑰

宋 马远《白蔷薇图》26.2mm×25mm

郢州道中见刺玫瑰花

［宋］项安世

酴醾雨后飘春雪，
芍药风前散晚霞。
一路繁香伴行客，
只应多谢刺玫花。

玫瑰花

［明］杨慎

庭际玫瑰树，含芳当坐隅。
春盘红玛瑙，晓帐紫珊瑚。
风信翻霞锦，天香缀露珠。
仙壶春酝好，留著醉麻姑。

金叶秋大马士革蔷薇

【英 文 名】Variegated variety of Autumn Damask Rose

【花　　型】重瓣

【香　　型】浓香

金叶秋大马士革蔷薇是秋大马士革蔷薇的变种，丝质的花瓣带有褶皱边，花香浓郁诱人。秋大马士革蔷薇是唯一一种可重复开花的欧洲古典蔷薇。

叶片上的黄色斑块让金叶秋大马士革蔷薇的样子显得十分与众不同，它也是因此而得名的。除此之外，它在皮刺的大小、形状和多少方面也与秋大马士革蔷薇存在明显区别。

金叶秋大马士革蔷薇的皮刺

秋大马士革蔷薇的皮刺

小叶百叶蔷薇

【拉丁学名】*Rosa centifolia* var. *parvifolia*

【英 文 名】Cabbage Rose'Burgundian Rose'

【花　　型】重瓣

小叶百叶蔷薇出现于1664年之前。它因叶片小巧、花瓣众多和芳香浓郁而深受园丁们喜爱。

小叶百叶蔷薇的花朵较小，整朵花的直径仅有2.5厘米左右。小叶百叶蔷薇花瓣排列紧密，枝茎光滑少刺，奇数小叶互生。

知识链接

百叶蔷薇因花朵内瓣数量较多，且排列紧密，不易盛开，故又被称为“包心玫瑰”。

大花法国蔷薇

【拉丁学名】*Rosa gallica* CV.

【英 文 名】Large-flowered variety of French Rose

【花　　型】单瓣

这种法国蔷薇以花朵硕大而著称，开大花的法国蔷薇是十分少见的。

法国蔷薇是深受法国国王路易十六的皇后玛丽·安托瓦内特喜爱的一种花。在她的画像中，她总是手持法国蔷薇现身。

法国蔷薇托斯卡纳

【拉丁学名】*Rosa gallica* 'Tuscany'

【英 文 名】Variety of French Rose

法国蔷薇托斯卡纳是法国蔷薇的一个变种，猜测其得名于培育出这一变种的地方——意大利的托斯卡纳。

知识链接

托斯卡纳被称为华丽之都，其首府佛罗伦萨为欧洲文艺复兴的发源地。

法国红衣主教

【拉丁学名】*Rosa gallica* ‘The Bishop’

【英 文 名】French Rose‘The Bishop’

红衣主教玫瑰以鲜艳的红色和优雅的姿态著称，花瓣带有一种独特的绒质美感。法国红衣主教玫瑰是该品种的一个变种，花冠较大，花香浓郁。

垂果蔷薇

【拉丁学名】*Rosa pendulina* var. *pendulina*

【英 文 名】Alpine Rose

这种蔷薇的花梗比较纤弱，导致花朵在凋落结果的过程中会下垂，形成独特的垂果姿态。

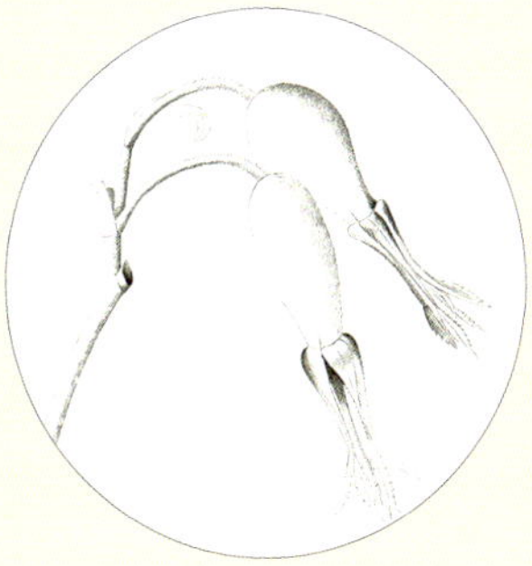

这种垂果蔷薇的果实形态比较独特，为长颈瓶状，成熟后为红色。

小小艺术家

【英 文 名】Little Artist

【原 产 地】新西兰

【花　　型】单瓣 / 半重瓣

【香　　型】浓香

【开 花 性】多季开花

小小艺术家花量多，花朵直径 3 厘米左右，花瓣为艳丽的红色，花瓣基部为白色，而花蕊则为黄色，红、白、黄相互映衬，很有手绘的感觉，十分引人注目。光照条件不同，花色会有深浅变化。

小小艺术家的叶子比较少，叶色翠绿油亮，有着很强的抗病能力。如果种植环境有足够长的光照时间，就几乎不会生病。

它开花后会释放出一种类似苹果果香的浓香。

夏日之歌

【英 文 名】Summer Song

【别　　名】颂夏

【原 产 地】英国

【花　　型】重瓣

【香　　型】浓香

【开 花 性】多季开花

夏日之歌为歌颂夏天之意。它的花色是鲜艳的橘红色，如同夏日绚烂的晚霞；味道为香浓茶香，被认为是大卫·奥斯汀所培育的花中香气最为浓郁的一种。

夏日之歌的花型为典型的杯状，花朵直径一般在 10 厘米左右，内部的花瓣堆叠着排列，紧致而丰满，外部的花瓣则形成了一个完美的环形。它长势强健，但抗病能力和耐热性较差，常用于装饰花园、花篱。

德伯家的苔丝

【英 文 名】Tess of the D'Urbervilles

【原 产 地】英国

【花　　型】重瓣

【香　　型】浓香

【开 花 性】多季开花

它与英国作家哈代的长篇小说同名。

德伯家的苔丝的花朵为深杯状，花色深红，花朵直径 9~11 厘米，绯红色的花朵与深绿色的叶子形成了鲜明对比。

植株相对紧凑，叶片较大，呈深绿色，勤花，多季重复开花，是优秀的切花品种。植株可长到 2 米多，非常适合用来做拱门、花墙、花篱等。它的花期在红色系月季之中属于比较长的，且耐晒、耐雨淋，抗病性较强。

花朵完全盛开后，大的花瓣会环绕着较小的褶皱花瓣整齐排列，形成绚丽的蝶形花朵。

Tips

养护黑金时应适当剪枝，以利于侧枝生长，增大开花量。

黑金

【英 文 名】Black Gold

【原 产 地】法国

【香　　型】无香

黑金的花色为暗红色，但花芯部分颜色要浅一些，接近正红色。花瓣厚实，丝绒质感明显，卷芯杯状花，花朵直径 10 厘米左右。黑金枝条上几乎无刺，但小花枝和叶柄上有小刺。

粉红波旁月季

【拉丁学名】*Rosa*×*Borboniana* N.H.F.Desp

【英 文 名】Bourbon Rose

【花　　型】重瓣

【香　　型】浓香

【开 花 性】多季开花

粉红波旁月季枝叶繁茂，枝条呈弯曲状，叶片呈中度绿色，可多季开花，香气浓郁。

波旁月季的发展史

关于波旁月季的起源，至今并无定论，但是可以肯定的是，波旁月季来自印度洋的波旁岛，即现在的留尼汪岛，是秋大马士革蔷薇与中国月季的后代。被发现后，其独特的魅力迅速吸引了人们的目光，并被用于进一步的杂交培育。

19世纪70年代左右，波旁月季迎来了属于它的黄金时代，孕育出了将近500个品种，这些品种不仅兼具双亲的优点，生长旺盛、花朵繁茂、花色艳丽、香气迷人，而且在花型等方面也展现出迷人的风采。波旁月季为后续月季品种的培育提供了重要的基因资源，至今仍在世界各地的花园中绽放，诉说着那段跨越时空的花卉发展传奇。

维苏威火山和维多利亚公主都是比较具有代表性的波旁月季。

维苏威火山

维多利亚公主

奥尔良公爵夫人

【拉丁学名】*Rosa gallica* CV.'Duchesse D'Orleans'

这种花是法国蔷薇的一个变种，被以法国最后一任国王——路易·菲利普一世的母亲的称呼而命名，彰显了它华贵的气质。

知识链接

奥尔良公爵夫人路易斯·玛丽·阿德莱德·德·波旁－彭蒂耶夫，是一位见证了法国大革命历程的贵族女性，也是波旁－彭蒂耶夫家族唯一在法国大革命中幸存下来的人。

疑似蒙森夫人蔷薇

【拉丁学名】*Rosa monsoniae*

【英 文 名】Rose of Lady Monson

【花　　型】单瓣

蒙森夫人蔷薇是以17世纪著名的英国女权主义者蒙森夫人的名字命名的。

蒙森夫人蔷薇枝茎粗壮，棘刺粗大，开单瓣花，每花5瓣，张扬而又美丽。图中的花朵花瓣数量明显多于5瓣，故它应该是近似蒙森夫人蔷薇的品种。

五星花法国蔷薇

【拉丁学名】*Rosa gallica* CV.

【英 文 名】Stapelia-flowered variety of French Rose

【花　　型】单瓣

五星花法国蔷薇是法国蔷薇的变种之一，5 枚花瓣的外缘均有花尖，与五星花的样子比较相似，它也因此而得名。

哈得孙湾蔷薇

【拉丁学名】*Rosa blanda*

【英 文 名】Hudson Bay Rose

【花　　型】单瓣

哈得孙湾蔷薇原产于北美洲，花朵为浅红色，花瓣呈心形，边缘有凹陷的缺口。

果实梨形，红色。

叶阔卵形，有叶尖。

知识链接

哈得孙湾是一个位于北美洲大陆东北部、加拿大巴芬岛和魁北克省之间的海峡，由英国航海家亨利·哈得孙发现。

黑影夫人

【英 文 名】	The Dark Lady
【原 产 地】	英国
【花　　型】	重瓣
【香　　型】	浓香
【开 花 性】	多季开花

黑影夫人的花色为深红色，香气为经典的玫瑰香，宛若花中的贵妇人，是英国育种家大卫·奥斯汀培育出的经典品种之一。

黑影夫人一茎多花，每次可开花3~5朵，花瓣数量多并紧紧相扣，花朵直径8~10厘米，花朵较大，绽放之后的样子有些像牡丹。黑影夫人是观赏性很强的一款花，抗病能力不错，不易感染病虫害。

它的名字来自莎士比亚十四行诗中专门诱惑俊美青年的“黑影夫人”。

知识链接

> 大卫·奥斯汀（1926—2018）一生培育了超过240个新品种，是最伟大的月季栽培家和月季育种家之一，被誉为“英国月季之父”。

风姿

风姿玫瑰的花瓣边缘呈波浪形，排列紧致，花期较长。它的红娇艳而含蓄。

希望

维克多·雨果

【英 文 名】Victor Hugo

【原 产 地】法国

【花　　型】重瓣

【香　　型】浓香

【开 花 性】多季开花

这种大红色的玫瑰以法国大文豪维克多·雨果的名字命名，是世界上最美丽的红玫瑰之一。它香气袭人，曾荣获海牙芳香奖。

它的叶子半哑光，花朵直径一般为10~12厘米，也可达到15厘米，花瓣边缘带有镂空波浪边，花期较持久，植株上多刺。它生命力旺盛，可用于制作切花。

维克多·雨果，法国19世纪前期积极浪漫主义文学的代表作家，被人们称为“法兰西的莎士比亚”，代表作有长篇小说《巴黎圣母院》《九三年》和《悲惨世界》。

珂赛特

珂赛特是维克多·雨果代表作《悲惨世界》中的女主角。珂赛特玫瑰别名迷人紫，花头较大，有淡淡的杨桃香。

珂赛特玫瑰的花语：温柔。

金叶异味蔷薇

疑似高山蔷薇自然杂种

红色达·芬奇

【英文名】	Red Leonardo da Vinci
【原产地】	法国
【花　型】	重瓣
【香　型】	淡香
【开花性】	多季开花

红色达·芬奇花苞圆润饱满，姿态优雅，花朵完全重瓣，花朵直径为8~10厘米，花瓣数量可达100片，层层叠叠紧凑排列。叶片为椭圆形，表面光滑，翠绿有光泽。

红色达·芬奇植株不会长得很高大，地栽也只能长到100厘米左右，但是分枝性非常好，不用修剪就能长出很多侧枝。枝条上几乎没有刺，比较容易打理。

粉色达·芬奇

"达·芬奇"系列共有5个品种，分别为红色达·芬奇、粉色达·芬奇、藤本粉色达·芬奇、微型达·芬奇和白色达·芬奇。其中藤本粉色达·芬奇的花色、花型、花香与粉色达·芬奇一致，只是藤蔓性更好。而微型达·芬奇又叫迷你达·芬奇，植株较小，花朵也比较小。

苏菲的玫瑰

【英 文 名】Sophy's Rose

【原 产 地】英国

【花　　型】重瓣

【香　　型】浓香

【开 花 性】多季开花

苏菲的玫瑰花朵硕大，直径一般在8厘米左右，最大可达13厘米，花瓣层次丰富，气质高雅，色彩艳丽。它耐寒、耐热，但在炎热环境下花期会缩短。可多季重复开花，花量大，植株紧凑，适合容器种植或装饰花篱等。

伏旧园城堡

【法 文 名】Château de Clos Vougeot

【花　　型】重瓣

【香　　型】浓香

【开 花 性】多季开花

伏旧园是法国勃艮第的一座知名酒庄城堡，在法国葡萄酒界有着十分尊贵的地位。伏旧园城堡是非常早的黑红色杂交茶香月季，从现有资料来看，它于1908年由法国人约瑟夫·佩尔内·杜谢（Joseph Pernet-Ducher）培育而成。花朵直径一般在11厘米左右，花色正，香气浓，在育种史上有着极其重要的地位。

鸡尾酒

【英 文 名】Cocktail

【原 产 地】法国

【花　　型】单瓣

【香　　型】淡香 / 中度

【开 花 性】多季开花

鸡尾酒的花朵像鸡尾酒一样靓丽动人。它的花瓣为猩红色，基部为黄色，花瓣与黄色的花蕊对比强烈，极具视觉冲击力。但要欣赏这种对比鲜明的美，只能是在花朵开放的第一天，因为从次日起，它花瓣上的黄色部分就会逐渐褪变为白色。

鸡尾酒是玫昂国际月季（玫瑰）公司初始品种金珍珠的后代。

金珍珠以其卓越的开花性、抗病能力和圆润的株型，赢得了全球园艺爱好者的青睐。

鸡尾酒的花朵直径一般为6~7厘米，总是成簇开放，春季大量开花后，能够重复开花至深秋，单花花期较长。它耐热，抗病性较强。

克丽斯汀·迪奥

【英 文 名】Christian Dior

【原 产 地】法国

【花　　型】重瓣

【香　　型】浓香

【开 花 性】多季开花

克丽斯汀·迪奥的童年时光是在他母亲的花园中度过的。他第一次在那里接触到了玫瑰，从此便对它们情有独钟。这款以他的名字命名的玫瑰有着大红的花色，象征着他对玫瑰深入灵魂的热爱。

克丽斯汀·迪奥的花朵直径一般为 10~15 厘米。花瓣数量 50 枚左右，花朵呈剑瓣状，中部较高，气味浓郁，具有多季重复开花的特性。植株茁壮，但在潮湿的环境中要注意预防白粉病。

植株高大，枝条较硬，叶片深绿。

唐璜

【英 文 名】Don Juan

【原 产 地】意大利

【香　　型】中度

【开 花 性】多季开花

唐璜在西方是一个家喻户晓的传说人物，以英俊、潇洒、风流著称，在文学作品中多被用作情圣的代名词。莫里哀、拜伦、萧伯纳都曾以他的故事为创作题材。

唐璜属大型藤本月季，多季重复开花，勤花，花朵直径可达 13 厘米，杂交茶香。

唐璜在温和的气温条件下表现最好，一旦气温超过 30℃，它就会进入休眠状态。它还较易受到疾病和虫害的影响。

Sweet Briar

甜锈红蔷薇

伊丽莎白甜锈红蔷薇

玫昂爸爸

【英 文 名】Papa Meilland

【原 产 地】法国

【花　　型】重瓣

【香　　型】浓香

【开 花 性】多季开花

玫昂爸爸花朵硕大，直径可达15厘米。深黑红色的天鹅丝绒花瓣上带有蓝黑色的反光。这种漂亮的蓝黑色反光会一直持续到花朵完全开败。其抗病性一般，需要注意预防白粉病、黑斑病等。

玫昂爸爸是玫瑰界的传奇品种，它的红比深红色更深，以至于被称为“黑玫瑰”。

Tips

种植玫昂爸爸需要对株形进行控制，否则其枝条容易四处伸展。

火焰之舞

【英 文 名】Flammentanz

【原 产 地】德国

【香　　型】淡香

【开 花 性】多季开花

火焰之舞花如其名，大红花色，花蕊艳黄，花朵直径一般在8厘米左右，花量大，盛开时如同一团跃动的火焰，浓烈而耀眼。

火焰之舞可以长到3~5米高，非常适合用来打造花墙和拱门。其具有不错的抗病性，对常见的病虫害都有很好的抵御能力。

花朵很大，直径能达到12厘米，花瓣呈螺旋状展开。

英格丽·褒曼

【英文名】Ingrid Bergman

【原产地】丹麦

【花　型】重瓣

【香　型】淡香 / 无香

【开花性】多季开花

英格丽·褒曼是以国际著名影星的名字命名的品种。它的花瓣具有天鹅绒质感，花量丰富，花型饱满，分枝性好，抗病性强，耐热，耐寒，耐雨淋。

它有着绯红色的花朵，花型为半剑瓣高芯，叶子闪亮碧绿，像英格丽·褒曼一样美丽动人。它在2000年被世界玫瑰协会联合会评选为“世界上最受欢迎的玫瑰”。

Tips

英格丽·褒曼比较惧怕强烈的阳光，强烈的光照会让花朵的边缘轻微灼伤。

君心

君心的花型为剑瓣高芯状，很是端庄；花色艳丽，几乎不褪色；花量多，植株少刺。整朵花很好地契合了“只愿君心似我心，定不负相思意”的诗句。

君心

罗马的荣耀

罗马的荣耀花朵为玫红色，诞生于意大利，植株耐寒能力较强，即使在寒冷地区也能茁壮生长。

黑魔术

【英 文 名】Black Magic

【原 产 地】法国

【花　　型】重瓣

【香　　型】浓香

【开 花 性】多季开花

黑魔术是玫瑰界独树一帜的存在，它红中透黑，黑中浸红，给人以华贵神秘之感，散发着让人难以抗拒的魅力。不过，它的花色会随气温而产生一定的变化，春秋两季花朵的颜色更深一些，而夏季就要稍显浅淡。黑魔术也是目前销售得比较好的红色玫瑰品种之一。

黑魔术花朵直径一般在 15 厘米左右，花瓣厚实、绒质，多季重复开花，勤花，带有浓郁香味。单花花期长，观赏期比较久。黑魔术抗病能力强，适应性好，养护简单，即使是新手也能轻松驾驭。

花语：神秘而梦幻的爱情。

花型端正，花朵大，花瓣数量多。

颜色为深红偏暗，带有高级丝绒质感。

黑魔术的叶子呈革质，对真菌侵害具有一定的抗性。

黑魔术、黑美人、黑巴克等花因为花色很深，所以被称为黑玫瑰。但在自然界中真正的黑色花朵是不存在的，因为黑色的花能够吸收阳光中的全部光波，在阳光下升温快，很容易受到伤害。

半重瓣月月红

【拉丁学名】*Rosa chinensis* var. *semperlorens*

【英 文 名】Semi-double Monthly Rose

【开 花 性】多季开花

月月红是中国古代三大月季品类之一，传到欧洲后，通过杂交而使欧洲本土蔷薇具有了可重复开花的特性。它对世界现代月季的诞生起到了无可替代的作用。

半重瓣月月红花瓣深红色，雌蕊红紫色，小叶狭长，可四季开花。

中国古代三大月季品类分别为：月月红类、香水月季类和宫粉类。以月月红为亲本培育出的品种具有重复开花的特性；香水月季类是现代杂交茶香月季最为重要的祖先；宫粉类则与现代众多粉色系月季有着亲缘关系。

疑似红蔷薇之恋

皱叶中国小月季

路易十四

花语：我只钟情你一个。

【英 文 名】Louis XIV

【原 产 地】法国

【花　　型】重瓣

【香　　型】浓香

【开 花 性】多季开花

路易十四是十分古老的玫瑰，1859 年诞生于法国。它是以“太阳王”路易十四的名字命名的，象征着尊贵与权威。

路易十四的花色可从深紫渐变为暗红，温度越低颜色越深，花瓣具有丝绒质感，黄色花蕊，勤花，花开易散，开花后易垂头。

路易十四除观赏价值很高外，还有着极高的商业价值，可用来加工精油。

叶片为宽卵形或卵状长圆形。

铂金

【英 文 名】Precious Platinum

【别　　名】白金、珍贵的白金

【原 产 地】英国

铂金的株型半扩张，为中等高度蔷薇属植物。花朵为高芯卷边状，约有 40 枚花瓣，鲜红色的花瓣上带有绒光。花朵较大，花朵直径可达 10 厘米。气味清新宜人。

红云

冰淇淋泡泡

折射泡泡

迷雾泡泡

牛油果泡泡

白泡泡

巧克力泡泡

【英 文 名】Chocolate Bubbles

【原 产 地】荷兰

【花　　型】重瓣

【香　　型】中度

【开 花 性】多季开花

巧克力泡泡是多头玫瑰的代表，它的名字与它独特的红咖色调，小巧而稠密的花朵高度契合。花朵直径一般在7厘米左右，花瓣厚实，勤花，叶片数量较多，常用作切花。

泡泡家族成员众多，比较著名的有冰淇淋泡泡、折射泡泡、迷雾泡泡、牛油果泡泡和白泡泡等。

Boursault Rose

布尔索阔叶细瓣蔷薇

法国蔷薇变种

卡罗拉

【英 文 名】Carola

【花　　型】重瓣

【香　　型】淡香

【开 花 性】多季开花

卡罗拉在全世界范围内都有种植，花色是标准的玫瑰红，花朵大而饱满、鲜艳动人，非常适合送给心爱的人。花茎较长，单花花期一般为 8~10 天，是经典的切花品种之一，适合插花。

卡罗拉植株高 1.5 米左右，花期长，从春天到秋天都可以开花。

夜曲

【英 文 名】Nocturne

【花　　型】重瓣

【香　　型】中度

【开 花 性】多季开花

它得名于肖邦的钢琴曲《夜曲》，是一个杂交茶香月季品种。

夜曲的花色主要为猩红色，带有些许紫色，圆瓣高芯花型，随着花朵的开放，花色会逐渐变为紫红色。花朵直径一般在 11 厘米左右，花瓣有些外卷，勤花，单花花期较长，可用于制作切花或打造花园景观。叶子革质，抗病能力不错。植株直立生长，很有活力。

国色天香

【原 产 地】中国

【花　　型】重瓣

【香　　型】浓香

【开 花 性】多季开花

国色天香是一个非常古老的品种，以香气袭人而闻名。

国色天香的花朵为深玫红色，花朵直径一般为 7~8 厘米，盛开时花头下垂，外瓣翻卷，极具动感，花枝纤细，可以栽培成半藤蔓状，也可以栽培成灌木状。小叶为深绿色，上面有锐利的锯齿。株高可达 2 米以上，抗病性较强。

花语：热烈坚定的爱。

与其他品种相比，高原红最为显著的缺点是刺多，这会给修剪工作增加难度。

高原红

【原 产 地】中国

【花　　型】重瓣

【香　　型】淡香

【开 花 性】多季开花

高原红是云南农科院培育出的一个品种。它的花瓣厚实饱满，有着丝绒般的质感，但同时又很坚韧，不易脱落，这使得它更耐运输和保存。高原红花茎粗壮，花型周正，是很优秀的切花品种。

它适应性好，分枝性强，花量大，价格要比进口的品种便宜得多，因而被广泛应用于宴会、庆典等场合，目前在市场上非常受欢迎。

复色异味蔷薇

【拉丁学名】*Rosa feotida* Bicolor

【原 产 地】伊朗

【花　　型】单瓣

复色异味蔷薇是异味蔷薇的一个芽变品种。它的栽种历史久远，在中东国家的种植尤其普遍。

因为属芽变品种，所以复色异味蔷薇的性状并不稳定，很容易就出现“返祖现象”，开出纯黄色的花来。

异味蔷薇的花

复色茴芹叶蔷薇

【拉丁学名】*Rosa pimpinellifolia* var. *ciphiana*

【别　　名】刺绣蔷薇

【原 产 地】法国

【花　　型】单瓣

复色茴芹叶蔷薇是茴芹叶蔷薇的一个变种，为法国育种家让－皮埃尔·维贝尔于1818年所育。它的花瓣为深红色，前端近白色，呈渐变之态，犹如刺绣而成，故又被称为“刺绣蔷薇”。

波特兰月季

【英 文 名】Portland Rose‘Duchess of Portland’

【开 花 性】多季开花

波特兰月季明显具有中国月季的血统，因为其可以连续开花，这可是中国月季才有的特性。

波特兰月季花色火红，半重瓣，十分美丽。

果实为橄榄形，成熟后呈橙色。

雅克·卡地亚是一个很知名的波特兰月季品种。

它名字的由来据说与约瑟芬皇后玫瑰园中的御用园艺家安德鲁·杜彭有关。相传，1803 年时，安德鲁·杜彭收到了一株发现于波特兰公爵夫人花园中的玫瑰花，经过栽培待其开花后，他将其命名为了“波特兰月季”。

银莲花苔蔷薇

【拉丁学名】*Rosa centifolia* var. *muscosa*

【英 文 名】Anemone-flower

银莲花既是一种银莲花属植物的名字，又是一种蔷薇属植物的名字。

知识链接

苔蔷薇因其在花蕾阶段具有苔藓状的腺毛覆盖物而得名。这种“苔藓”最初被发现于大马士革蔷薇和百叶蔷薇的芽变，大马士革蔷薇产生的“苔藓”呈棕色，而百叶蔷薇产生的“苔藓”呈绿色。

中国半重瓣月季

重瓣布尔索蔷薇

威廉·莎士比亚 2000

【英 文 名】William Shakespeare 2000

【原 产 地】英国

【花　　型】重瓣

【香　　型】浓香

【开 花 性】多季开花

威廉·莎士比亚 2000 是英国的大卫·奥斯汀月季公司在 2000 年推出的新品种。

这款玫瑰自带古典气质。正常的花色为深紫红色，但花色会随气温变化：高温条件下，花色容易偏向玫瑰色；而在低温条件下则会变得非常深，甚至接近黑色。花朵中等大小，初开时花瓣排列非常紧凑，但很快就会散开。花香是老玫瑰与果香的完美融合。

皇家胭脂

【英 文 名】Rouge Royale

【原 产 地】法国

【花　　型】重瓣

【香　　型】浓香

【开 花 性】多季开花

Tips

皇家胭脂对光照的需求极高，光照不足易产生盲枝，影响开花效果。

皇家胭脂是一个来自法国的经典玫瑰品种，带有玫瑰与果香的混合香气。其花色艳，花朵大，勤花，可多季重复开花，是切花、庭院两用品种。叶片大而厚实，并且有光泽，抗病能力强，耐热性好，在夏天依然能正常开花。

皇家胭脂的花型圆润饱满，开放初期为高芯杯状花型，后期会变为四分莲座花型。

红色伊甸园

【英 文 名】Red Eden Rose

【别　　名】红色龙沙宝石、红龙

【原 产 地】法国

【花　　型】重瓣

【香　　型】淡香

【开 花 性】多季开花

红色伊甸园花色如火，绚丽夺目，是世界上最艳丽的玫瑰花之一。它象征着对美好爱情的向往和追求，是送给恋人或心仪对象的理想选择。

红色伊甸园的特点是花大、花瓣多、花期长，花朵直径一般为 8~12 厘米，花瓣数量可达 100 枚以上，多季持续开花，且花量大。红色伊甸园很耐晒，但怕淋雨，长得快，抗病性强，比较容易栽培。

龙沙宝石共有三个花色，分别为红色、粉色和淡绿色，其中以粉色的龙沙宝石的知名度最高。

Tips

红色伊甸园的遗传性状很不稳定，容易出现"返祖现象"，因此不建议使用种子繁殖，最好使用扦插或者嫁接的方式繁殖。

龙沙宝石

奶油龙沙宝石

歌德

【德 文 名】J. W. von Goethe

【原 产 地】德国

【花　　型】重瓣

【香　　型】浓香

【开 花 性】多季开花

歌德玫瑰是用德国伟大的诗人歌德之名命名的。歌德很喜欢玫瑰，一生中写过多首歌颂玫瑰花的诗歌。

歌德玫瑰的花朵硕大，直径可达 13 厘米，颜色是紫红色或洋红色，中心部分颜色较深。花瓣数量多，层层叠叠，排列整齐。生长速度快，瓶插时间持久，适合用作切花。刺较多，在种植和修剪时要注意安全。

它的香气为混合型，掺杂着荔枝果香、茶香和蜂蜜香。

歌德玫瑰的红饱和度很高，但天气热时，花色会偏玫红，而天气冷时，花色会偏玫紫。

如果是玫瑰，它总会开花的。

——歌德

花瓣十分有特点，上面有深红色与浅红色交织的条纹。

红色直觉

【英 文 名】Red Intuition

【原 产 地】法国

【花　　型】重瓣

【香　　型】无香

【开 花 性】多季开花

红色直觉的花茎直立性好，颀长，是典型的切花品种。它的花朵在初绽时是鲜红色的，仿佛熟透的番茄，而在阳光下，会变成正红色，展现出更加迷人的色彩。

它的花朵直径较大，一般 10~12 厘米，花瓣数量中等，排列紧密，开花时会外卷。单朵花期长，可以开放几天都不露出花蕊，勤花，抗病性较强，可多季反复开花。

红色直觉的植株高大，叶子也比较大，适合庭院种植。

叶片边缘有细小的锯齿，质地较厚实，有较好的抗病虫害能力。

红叶蔷薇

【拉丁学名】*Rosa glauca Pourret*

【花　　型】单瓣

【开 花 性】一季开花

红叶蔷薇夏季开花，花朵富有原始之美。它的花朵直径在 4 厘米左右，花梗颀长，花色明艳，耐寒、耐阴，好栽培，是很受欧洲人喜爱的观赏小灌木。红叶蔷薇分布较广，在欧洲中部、南部都可以见到。

红叶蔷薇从前的拉丁学名为 *R.rubrifolia*，意思是“叶片发红”。这个名字很好地突显了红叶蔷薇叶片的特点。

红叶蔷薇的原始品种是单瓣的。

红叶蔷薇的花枝呈紫红色。

红叶蔷薇的果实近似球形。

中国玫瑰

【拉丁学名】*Rosa rugosa*

【别　　名】努特卡玫瑰

【花　　型】单瓣

中国玫瑰的植株高达 2 米，茎粗壮，叶片为椭圆形或倒卵形，上有尖锐的锯齿。花朵色彩娇艳，花香扑鼻。它是中国野生玫瑰的一种，生命力顽强，不畏严寒，不怕干旱，不惧虫害，即便是在盐碱地上依旧能生长、盛开。

花蕾可以入药，具有解郁、调经等功效。

中国玫瑰的茎较粗，上面的刺密而硬。

果实呈球形，成熟时为砖红色。

花语：你漫不经心地穿过我的梦境，使我的心变成了长满荆棘的花园。

弗洛伊德

【英 文 名】Pink Floyd

【花　　型】重瓣

【香　　型】浓香

【开 花 性】多季开花

弗洛伊德玫瑰有“花中爱马仕”之称。它花色明媚，花香浓郁，花型完美，花头巨大，完全盛开时花朵有拳头般大小，花瓣厚实且具有丝绒质感。

值得注意的是，其名称并非来自心理学家西格蒙德·弗洛伊德（Sigmund Freud），而是来源于英国摇滚乐队平克·弗洛伊德（Pink Floyd）。

据说，著名化妆品品牌兰蔻的标志就是一朵弗洛伊德玫瑰。

在某些情况下，弗洛伊德的花朵也会呈现为深红色或粉色。

深红色弗洛伊德玫瑰

粉色弗洛伊德玫瑰

自由女神

自由女神玫瑰又叫“自由”，名字来源于美国的自由女神像。它的花色为纯正古典的红色中带着一丝紫色，端庄而不失艳丽。花苞硕大，花瓣厚实，具有淡雅的玫瑰香气。

吉普赛男孩

吉普赛男孩为波旁月季家族中的一员，由奥匈帝国的育种家鲁道夫·格施温德在 1909 年以前培育而成。它植株强健，耐寒，花朵为紫红色或暗红色，只一季开花。它的枝条有横张趋势，适合在栅栏上种植，用来打造美丽的花墙。

爱慕

弗朗西斯·杜布雷

火神

火神

火神玫瑰花型中等、规整，花瓣带有丝绒质感。它耐寒性较好，能够在较低的温度下正常生长。美中不足的是，炎热天气中火神玫瑰会轻微黑边。

赛西大马士革蔷薇

重瓣柔毛蔷薇

弗洛伦蒂娜

【英 文 名】Florentina

【别　　名】蒂娜、弗洛伦蒂诺

【原 产 地】德国

【花　　型】重瓣

【开 花 性】多季开花

弗洛伦蒂娜的枝条直立性好，多刺且坚韧，攀爬能力和分枝能力也很强，植株可长到近3米高，但它的枝条较硬，造型能力偏差。它的叶片光滑肥厚，因而对白粉病和黑斑病的抵抗力十分突出。它几乎全年都能开花，尤以春季的第一波花最为美丽。

Tips

用花盆来种植蔷薇属植物时，要选深一些的花盆，不要选浅浅的粗腰盆，那样的盆不利于蔷薇属植物根系的发展。

纪念芭芭拉

【原 产 地】法国

【花　　型】重瓣

【开 花 性】多季开花

纪念芭芭拉是为纪念法国女歌手芭芭拉而培育的品种。芭芭拉是法国20世纪最有影响力的传奇创作歌手之一。

它的花朵拥有引人注目的大褶边，多头集群开放，很容易“爆盆”，但是没有香味。纪念芭芭拉的花朵在低温天气中或开到后期时会变成深紫红色。

知识链接

爆盆是指植物在生长过程中，形成的枝叶茂盛、花朵繁多的视觉效果。

墨红

【英 文 名】Crimson Glory

【别　　名】朱墨双辉、香紫、深红光荣

【原 产 地】德国

【花　　型】重瓣

【香　　型】浓香

【开 花 性】多季开花

墨红玫瑰的花朵直径可达 12 厘米，花瓣略卷，花色为深红色，有丝绒般的质感，勤花。

它是一种兼具药用价值和食用价值的花卉，有疏肝理气、活血化瘀、美容养颜等功效。它花量很多，花瓣可用来制酱、酿酒等。

绯扇

【英 文 名】Hi-ohgi

【别　　名】菲扇

【原 产 地】日本

【花　　型】重瓣

【香　　型】浓香

【开 花 性】多季开花

Tips

绯扇浓烈的香味容易招来害虫，需特别注意防止嫩叶和花苞遭受虫害。

绯扇的花色为朱红色，十分艳丽，花朵呈杯状，花瓣边沿微卷，带有一股老玫瑰香。经过嫁接后它被称为“树形玫瑰”，满树花开时十分美丽。

它有着超凡的抗病性，耐寒性和耐热性也很优秀，因而在城市绿化中应用比较广泛。

香云

【英 文 名】Fragrant Cloud

【原 产 地】德国

香云最大的特点是香。它的香是很浓烈的茶花香，会给人带来愉悦的体验。花瓣为圆扇形，叶片深绿有光泽，小叶呈椭圆形，花蕾为尖圆形。

Tips

香云的植株不耐阴，每天需要 4 小时以上的直射阳光，否则会横长，影响整体株形。

香云抗病性差，露天栽培时叶片容易掉落。

无条件的爱

【英 文 名】Unconditional love

【原 产 地】美国

【花　　型】重瓣

【香　　型】淡香

【开 花 性】多季开花

无条件的爱的花朵不是很大，花朵直径一般为 4~5 厘米，大簇开放，花量丰富，勤花。花色是较为纯正的深红色，单花花期一周左右，不易褪色，花形也基本变化不大，观赏性强。耐热耐寒，抗病性强，生长速度快，但植株上的大刺和小刺都非常多，俗称“毛腿”，打理时需要格外注意。

Tips

无条件的爱叶子易起黑斑，养护时要注意通风，控制好光照时间。

夏季高温天气中，要注意适当遮阳，以防花朵失水萎蔫。

无条件的爱寓意着真挚与纯粹的情感，还寓意着无私与奉献、信任与包容。在结婚纪念日、生日或求婚等特殊日子里，赠送无条件的爱玫瑰是表达爱意的绝佳选择。

卡马拉

【英 文 名】Kamala

【别　　名】卡玛拉

花语：热烈的爱情。

卡马拉的花朵为比较鲜艳的红色，花瓣厚实硬挺，具有丝绒质感，边缘有可爱的小波浪边。它花期很长，即使瓶插也能够开放两个星期之久。它枝条粗壮且叶片宽大，耐雨淋。

红茶

【英 文 名】Black Tea

【别　　名】黑茶

【原 产 地】日本

红茶初开时花朵为茶红色，随着开放时间的推移，花色会由茶红色转变为浅褐色，并夹杂蓝紫色成分。

Tips

红茶月季比较容易受黑腐病、白粉病、红蜘蛛等病虫害侵扰，因此不太适合新手养护。

共情

罗德斯

【英 文 名】Rhodos

【原 产 地】荷兰

【花　　型】重瓣

【香　　型】无香

【开 花 性】多季开花

花朵直径一般为 6~10 厘米，花瓣厚实，高杯状花型，颜色自外而内逐渐变浅，层次感强，具有独特的丝绒般的质感。

罗德斯的红是复古暗红色系，为低调的爵士红加黑红。花型紧凑优美，花朵较大，堪称红玫瑰中的贵族。单花花期在 2 周左右，是一个高品质的切花品种，观赏价值极高。

花语：爱你的每一天。

外层花瓣的波浪纹，为它增添了浓厚的法式浪漫气息。

花茎粗壮，可以很好地提升植株的吸水能力和抗风能力。

林肯先生

【英 文 名】Mister Lincoln

【原 产 地】美国

林肯先生玫瑰于 1964 年在美国育成，为大花香水型月季的代表，名字是为了纪念亚伯拉罕·林肯总统。

它的花型和花色都特别标准，香味浓郁，至花谢都会有浓香。花朵的颜色会随温度的变化而变化：天气凉爽时，花朵为深红色；天气热时，花朵为酒红色。它枝条粗壮，深绿色的叶子具有磨砂质感，直立性好，特别适合作切花。

它的花瓣打开速度较慢，一般能开 15 天左右，属于耐开的品种。

茶花女

【法 文 名】La Traviata

【原 产 地】法国

【花　　型】重瓣

【开 花 性】多季开花

它的名字来源于小仲马的长篇小说《茶花女》，花色浓艳，颜值很高；味道为苹果香，清新而独特。

Tips

茶花女最大的缺点就是刺特别多，枝条堪比狼牙棒，在接触它的时候要小心被刺伤、划伤。

暗香

【英 文 名】Black Perfumella

【原 产 地】法国

【花　　型】重瓣

【香　　型】浓香

【开 花 性】多季开花

暗香黑红色的花瓣呈现出法兰绒质感，上面的黑色斑块有些像卫星拍摄的太阳黑子，给其增添了些许神秘感。暗香在初开时颜色较深，随着时间的推移花色会变浅。花朵在凉爽且有一定湿度的天气里，颜色会偏深；而在晴暖干燥的天气里，颜色会偏红。

Tips

暗香的植株不耐阴，花朵不耐暴晒，对环境要求高，对于新手来说养护起来可能比较有难度。

疑似中国月季杂交种

Autum-flowering Variety of China Rose

中国秋花月季

曼斯特德·伍德

【英 文 名】Munstead Wood

【别　　名】黑伍德

【原 产 地】英国

【花　　型】重瓣

【香　　型】浓香

【开 花 性】多季开花

黑伍德的刺虽小，但很稠密。

曼斯特德·伍德是一款走“暗黑美”路线的花——花朵初开时是深红色的，慢慢会变成紫红色。花朵较大，直径一般为 8~10 厘米，极度重瓣，花瓣的基部色彩要略淡一些。黑伍德的花香也十分出色，为浓烈的玫瑰、水果和红酒的混合香味。它很适合与开蓝色花的植物种在一起，这样更能为花园增添亮色。

青年人之夜

【花　　型】重瓣

【香　　型】浓香

【开 花 性】一季开花

青年人之夜初开时花瓣为暗紫红色，随着时间的推移，它的花瓣会变成明艳的紫色。花型为扁平的莲花座状，盛开时可看到中心明亮的黄色雄蕊。

青年人之夜为苔藓蔷薇的后代，故无法多季开花，只能每年春季或夏季开花一次。

花语：请你将一生的幸福托付给我，
我将珍爱你一生。

珍爱

【英 文 名】Cherish

【花　　型】重瓣

【开 花 性】多季开花

珍爱是目前常见的切花品种之一。它的红被誉为“最正的中国红”，其中又带有一丝清新的感觉，像是一个情窦初开、热烈追求爱情的少女，是恋人之间表达真挚情感的理想之选。

珍爱的花朵造型优雅，花型紧凑，平口杯状，花芯呈螺旋状，花瓣排列紧密，色彩鲜艳，但它的花瓣较为脆弱，容易擦伤，包装、拿放时应多加注意。

珍爱是一个多头品种，每根枝条上都会开花，花量很大。

Variety of French Rose

法国蔷薇变种

百叶蔷薇变种

大叶重瓣法国蔷薇

【拉丁学名】*Rosa gallica* CV.

【英 文 名】Large-leaved variety of French Rose

叶片较大，阔且长。

这种蔷薇可能是法国蔷薇与普罗旺斯玫瑰的杂交后代。其最突出的特点是叶片很大，因而也叫巨叶重瓣法国蔷薇。

白玫瑰的花语：纯真，无瑕，优雅。

白玫瑰

纯净与真挚

苔蔷薇的花瓣众多，留给雄蕊和雌蕊的空间有限，导致传粉较有难度，因而不易结出果实来。好在苔蔷薇比较容易发生芽变进而产生一些新的品种，为这一类型植物的繁衍提供了另一种可能。

重瓣白苔蔷薇

【拉丁学名】	*Rosa centifolia* var.*muscosa*‘Alba’
【英 文 名】	White Moss Rose
【原 产 地】	欧洲和西亚
【花　　型】	重瓣
【香　　型】	浓香
【开 花 性】	一季开花

重瓣白苔蔷薇是白苔蔷薇的重瓣类型，约出现于1696年。它的花瓣可多达50片，芳香浓烈。苔蔷薇因其在花蕾阶段具有苔藓状的腺毛覆盖物而得名。重瓣白苔蔷薇花蕾上的“苔藓”为绿色的，这说明它与百叶蔷薇有着某种亲缘关系。

田野蔷薇

【拉丁学名】*Rosa arvensis*

【英 文 名】Field Rose

【原 产 地】欧洲

【花　　型】单瓣

【香　　型】淡香 / 无香

【开 花 性】一季开花

花朵直径较小，单瓣，属一季开花类型，但秋季也会零星开出几朵花。

田野蔷薇于1762年被发现并命名，是一种广泛分布在欧洲的野蔷薇。田野蔷薇的雌蕊为青绿色，柱状，雄蕊为金黄色。田野蔷薇的花枝多为浅紫色的。

伊丽莎白一世时期的著名画家尼古拉斯·希利亚德所画的《玫瑰丛中的青年》中的花就是田野蔷薇。

玫瑰丛中的青年

安茹犬蔷薇

柔毛蔷薇

垂叶蔷薇

【拉丁学名】*Rosa clinophylla*

【英 文 名】Droopy-leaved Rose

【原 产 地】缅甸、老挝、泰国等

【花　　型】单瓣

【香　　型】淡香

【开 花 性】一季开花

垂叶蔷薇是少数能在潮湿环境中正常生长的蔷薇属植物之一。花瓣类似心形，花蕊呈金黄色。

垂叶蔷薇的皮刺是对生的，颜色为棕褐色。

垂叶蔷薇的枝条柔软细长。

叶片为橄榄形，边缘带有锯齿，互生。

2015年，中国科学院西双版纳热带植物园的苏涛在云南发现了古老的蔷薇叶化石，这枚化石中叶片的形态与垂叶蔷薇的叶片极其相似。

苏涛所发现的蔷薇叶化石

麝香蔷薇

【拉丁学名】*Rosa moschata*

【别　　名】格雷厄姆麝香蔷薇

【花　　型】单瓣

【香　　型】浓香

【开 花 性】一季开花

麝香蔷薇是大名鼎鼎的大马士革蔷薇的亲本。顾名思义，这种蔷薇有着一股浓烈的麝香味道。麝香蔷薇的来源不明，但在1586年时，它就已经出现在法国画家的笔下了。

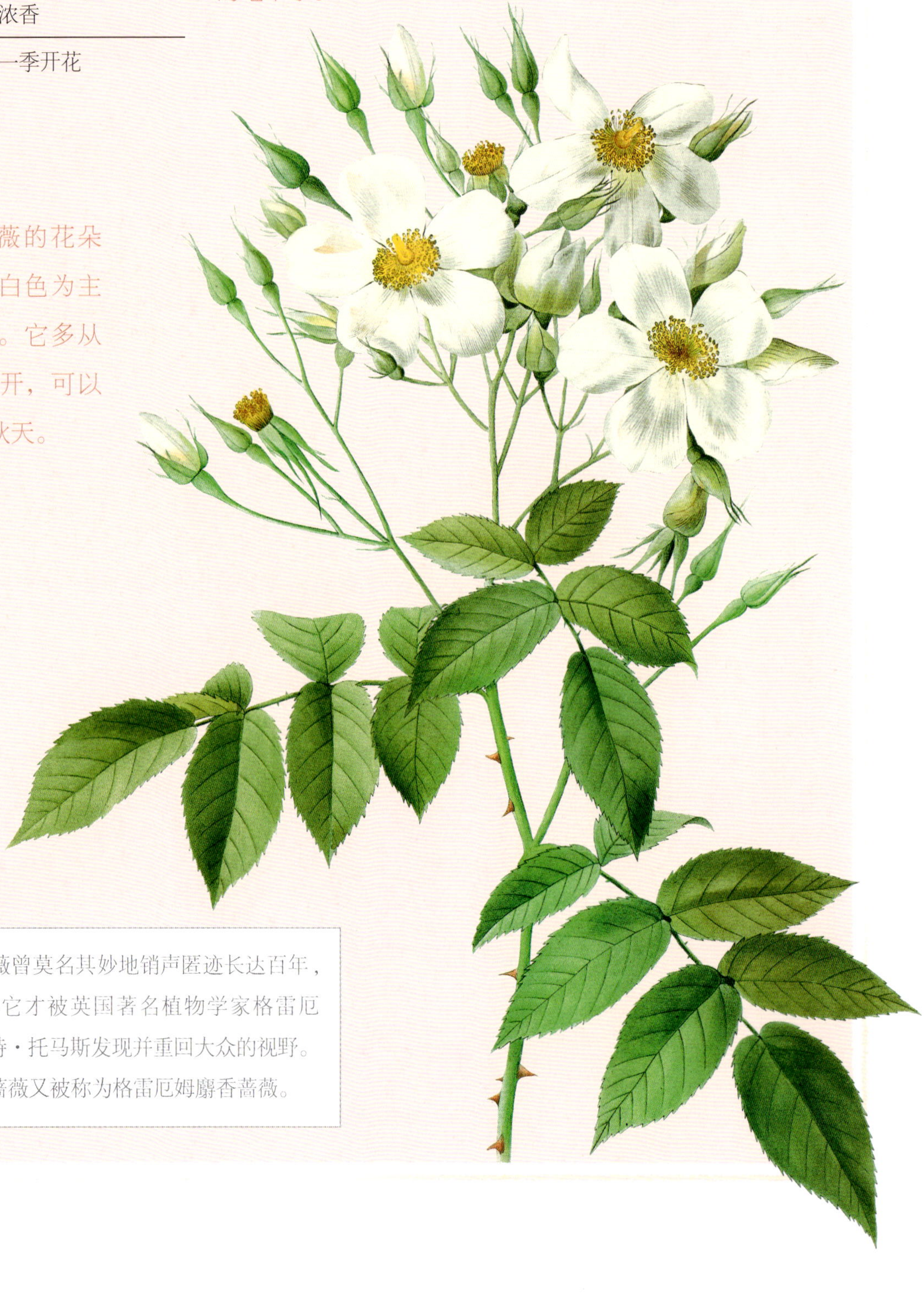

麝香蔷薇的花朵为白色或以白色为主色调的复色。它多从仲夏开始盛开，可以一直怒放到秋天。

知识链接

麝香蔷薇曾莫名其妙地销声匿迹长达百年，直至1963年它才被英国著名植物学家格雷厄姆·斯图亚特·托马斯发现并重回大众的视野。因此，麝香蔷薇又被称为格雷厄姆麝香蔷薇。

无刺重瓣紫心白木香

【拉丁学名】*Rosa banksiae*‘Alba Pleana’

【原 产 地】中国

【花　　型】重瓣

无刺重瓣紫心白木香是目前世界上栽种范围最广的一种木香。它花瓣纯白，花萼带有红晕，花开之时，幽香满院。其小枝柔软细长，无刺。

知识链接

现存木香类植物可分为枝条有刺和枝条无刺两个类别。木香的花则有白花和黄花之分，再细分，又有单瓣与重瓣之别，青心与紫心之迥。

疑似黄枝蔷薇

重瓣白花月季

疑似格里费尔蔷薇之品种

阿尔忒弥斯

【英 文 名】Artemis

【别　　名】月亮女神

【原 产 地】德国

【花　　型】重瓣

【香　　型】淡香

【开 花 性】多季开花

阿尔忒弥斯是古希腊神话中的狩猎女神、月亮女神，她与雅典娜、赫斯提亚并称“奥林匹斯山上的三女神”。此花以她为名，意在指此花如同阿尔忒弥斯一样圣洁。

阿尔忒弥斯的花瓣为纯白色，初开是球状，后期是杯状，重瓣，花朵直径一般4~6厘米，多季重复开花。它生长性能极佳，很快就会长成茂盛的灌木丛，春季花量尤为壮观。

雪雁

【英 文 名】Snow Goose

【原 产 地】英国

【花　　型】重瓣

【香　　型】浓香

【开 花 性】多季开花

雪雁的花朵近乎白色，花蕊为黄色，花朵直径4~5厘米。花瓣长短不一，样子有些像雏菊，多头开花，花量巨大，并且能在很长一段时间里不断开花，花香类似麝香。雪雁具有耐寒、抗病的特点，比较容易种植。

雪雁可成长为月季树，因为茎直且相对无刺，所以可作为切花使用，也可用于装饰拱门和棚架，还能栽种在花盆里。

半重瓣麝香蔷薇

【拉丁学名】*Rosa moschata* Semi-plena

【英 文 名】Semi-double White Rose

【花　　型】半重瓣

【香　　型】浓香

半重瓣麝香蔷薇出现于1513年前后，被普遍认为是麝香蔷薇的芽变品种。半重瓣麝香蔷薇的花蕾带有粉红色，而盛开时则呈纯白色。

半重瓣麝香蔷薇有十几片花瓣，而麝香蔷薇只有5片花瓣。

半重瓣麝香蔷薇与多数蔷薇不同的一点是它的浓郁香气来自花蕊而非花瓣。它浓郁的麝香气味中还混有明显的丁香味道。

半重瓣麝香蔷薇的外瓣宽大，而内瓣较小。

金樱子

【拉丁学名】*Rosa laevigata*

【英 文 名】Cherokee Rose

【别　　名】切罗基蔷薇

【原 产 地】中国

【花　　型】单瓣

【香　　型】浓香

【开 花 性】一季开花

托叶离生或基部与叶柄合生。

金樱子因姿态优美、长势强劲，成为风靡全世界的理想庭院观赏植物。

野生金樱子喜生于向阳的山野、田边、溪畔灌木丛中，生命力顽强，哪怕在砾石之中也能扎根开花。

金樱子的根、叶、果实都可入药，尤其果实具有较高药用价值，早在宋代就已成为药材。其颜色为橙色，很好识别。

金樱子枝条粗壮，小叶革质，通常有3片叶片，边缘呈锯齿状。

在美国有一个关于金樱子的动人传说。相传，当年切罗基族的母亲们在被迫留下孩子，前往安置地途中，因骨肉分离而流下了悲痛欲绝的泪水。后来，在她们眼泪落下的地方就长出了一株株金樱子。

人们都说，金樱子那白色的花瓣代表着母亲们的悲伤，而花朵中金色的雄蕊代表着她们被夺走的家园。

花单生于叶腋，花朵
直径一般为 5~7 厘米。

雪毯

【英 文 名】Snow Carpet

【花　　型】重瓣

【香　　型】无香

【开 花 性】多季开花

维多利亚公主

【德 文 名】Kronprinzessin Viktoria

【原 产 地】德国

【花　　型】重瓣

【香　　型】淡香

【开 花 性】多季开花

安纳普尔纳

【英 文 名】Annapurna

【别　　名】冰峰

【原 产 地】法国

【花　　型】重瓣

【香　　型】浓香

【开 花 性】多季开花

安纳普尔纳的花型为圆瓣高芯，姿态优雅，花朵直径 8~10 厘米；花色近乎纯白，带有较为强烈的蜂蜜香与茶香的混合香气。

安纳普尔纳这一名字来源于世界第十高峰——安纳普尔纳峰，意为它的花瓣如同安纳普尔纳峰上的雪一样洁白。

它的植株生长紧凑，无论是地栽还是盆植都很适合。它的耐雨淋能力十分出众，因而适合在炎热多雨的地区种植。

羽状萼阿尔巴蔷薇

【拉丁学名】*Rosa* × *alba* CV.

【英 文 名】Variety of White Rose with pinnate sepals

【花　　型】重瓣

半重瓣芹叶蔷薇

双锯齿蔷薇

高山蔷薇变种

【拉丁学名】*Rosa×spinulifolia*

【英 文 名】Wild hybrid of Alpine Rose

【原 产 地】欧洲

【花　　型】单瓣

这种蔷薇是垂枝蔷薇（又名高山蔷薇）的一个变种。花瓣尖端颜色变深，萼片为三角卵形，边缘有裂片及腺毛。

安宁的花蕾呈淡黄色，花朵总是集群开放，散发着淡淡的青苹果香和玫瑰香，味道清新宜人。

安宁

【英 文 名】	Tranquillity
【原 产 地】	英国
【花　　型】	重瓣
【香　　型】	淡香
【开 花 性】	多季开花

安宁的花为莲座状，奶油白色，中心微微泛黄，初开时会带有一层淡淡的粉，完全盛开后粉色会褪去。

安宁的植株直立、紧凑、强健，茎几乎无刺，非常适合庭院观赏和用作切花。

邱园

【英 文 名】	Kew Garden
【原 产 地】	英国
【花　　型】	单瓣
【香　　型】	淡香 / 无香
【开 花 性】	多季开花

这一品种是为了庆祝伦敦邱园皇家植物园成立250周年而培育的。邱园的花朵是单瓣的白色小花，总是成簇开放，花期比较长，可从初夏一直绽放到秋天。

邱园完全无刺，利于花园打理工作的展开。

邱园——从皇家园林到世界植物宝库

两百多年前，英王乔治二世的儿子威尔士亲王不幸去世，留下他的王妃奥古斯汀公主独自承受失去爱人的痛苦。奥古斯汀公主为了逃避现实，决定用花草树木来填补心灵的空缺，于是，邱园应运而生。1840年，邱园被移交给国家管理，并逐步对公众开放。目前，邱园占地约 1.2 平方千米，园内种植着英国本土和从世界各地引进的植物 4 万余种，有些植物已在这里生长了上百年。

邱园内设有 26 个专业花园，其中就包括位于核心区域的玫瑰园。玫瑰园内种植了 170 余种玫瑰，涵盖古典玫瑰、现代杂交品种等。夏季是玫瑰盛放的巅峰时节，所以每年的 6~8 月是邱园玫瑰的最佳观赏期。玫瑰园的花坛设计精巧，不同色彩和品种的玫瑰被精心安置，形成了美丽的图案和景观。

“玫瑰考场”——波特兰玫瑰花园

波特兰玫瑰花园始建于 1917 年，位于有着“玫瑰之城”之称的美国西海岸著名城市波特兰。百年间，这里汇集了世界许多国家和地区的知名品牌，大约拥有 550 个品种、近 1 万株玫瑰，是国际玫瑰评选园所在地。这里的玫瑰多在 4~9 月开花，最佳赏花期则在 6 月份。

波特兰玫瑰花园又称波特兰国际玫瑰实验花园，是美国六大实验花园之一，园内还有很多第一次世界大战、第二次世界大战中遗留下来的珍贵品种。每年都会有约 50 种新品玫瑰花来此进行栽培测试和评审，许多国际知名玫瑰育种家都以自己的品种能在该园栽植为荣。

波特兰玫瑰花园

邱园

来自“玫瑰王国”的保加利亚玫瑰谷

保加利亚玫瑰谷被誉为世界上九大最美花海之一，作为保加利亚的国宝，保加利亚玫瑰及其相关产品的产量、质量、出口量均长期占据世界第一，世界上大部分玫瑰精油都出产自保加利亚玫瑰谷。

踏入玫瑰谷，就如同踏入了一个玫瑰的梦幻王国。这里种植着7000余种玫瑰花，每当初夏来临，玫瑰谷就成了玫瑰花的海洋，品种不同、颜色形态各异的玫瑰花争奇斗艳，整个玫瑰谷弥漫着浓郁的玫瑰花香。在每年6月的第一个星期天，为纪念悠久的玫瑰种植传统，保加利亚人会在这里举行盛大的传统民族节日——玫瑰节，节日游行会持续5天，同时评选出万众瞩目的玫瑰皇后。

保加利亚玫瑰谷

世界著名玫瑰园

传奇皇后约瑟芬与她的玫瑰园

约瑟芬皇后于1796年嫁给了拿破仑·波拿巴，是拿破仑的第一任妻子。她对玫瑰情有独钟，为排遣拿破仑外出远征留给她的孤寂而收购了位于巴黎南部的梅尔梅森城堡，并在那里建造了闻名世界的玫瑰园。

约瑟芬皇后的玫瑰园收集了当时世界各地约250种、3万多株玫瑰，是欧洲当时最大的玫瑰园。许多著名的植物学家和园艺师都参与到玫瑰园的建设和维护中，使得玫瑰园不仅是一个美丽的花园，而且成为一个重要的植物研究中心。在她的推动下，玫瑰种植和研究得到了极大发展，对后世的园艺学产生了深远影响。

皮埃尔 - 约瑟夫·雷杜德受约瑟芬皇后之邀，在玫瑰园中进行长期细致的观察与写生，历时20年完成了《玫瑰图谱》的绘制工作，《玫瑰图谱》也被后世推崇为“玫瑰圣经”。

法国画家皮埃尔－保罗·普吕东(Pierre-Paul Prud'hon)所画的《约瑟芬皇后像》，现藏于卢浮宫博物馆。

带有法式浪漫的马恩河谷玫瑰园

在法国巴黎南郊有这样一座玫瑰园，当满园的玫瑰花在夏天竞相绽放，将园内建筑温柔环拥，从地面到柱台，从篱笆到长廊，从脚下到头顶，目之所及尽是缤纷花色，鼻之所嗅皆为馥郁芬芳，身处其中的人便仿佛进入了法式浪漫童话，它就是马恩河谷玫瑰园。

马恩河谷玫瑰园始建于1894年，由玫瑰学家朱尔斯·格拉维罗克斯（Jules Gravereaux）开辟，出于对玫瑰与杂交育种的热爱，他以约瑟芬皇后的玫瑰园为蓝本，聘请世界知名园艺师爱德华·安德烈（Edouard André）参与设计。马恩河谷玫瑰园是园艺史上第一座专属玫瑰的花园，发展到今天，已涵盖3000多个品种，种植1万余株玫瑰，是法国乃至世界上最大的人工玫瑰种植园之一。它还被批准为“专业植物收藏温室”，并被列入历史古迹补充目录，成为一座玫瑰花的博物馆。

骄傲

【英 文 名】Proud

【原 产 地】荷兰

【花　　型】重瓣

【开 花 性】多季开花

骄傲是一个适合多种花艺应用的品种，也被广泛用于装饰家居。

骄傲拥有直立且健壮的植株，高通常 90~110 厘米。花色为奶油白，花朵的直径 10~14 厘米，拥有大约 45 片花瓣，高杯状花型。

骄傲的生长势头旺盛，抗病性较强，耐热耐晒，即使在炎热的夏季也能保持完美的开放状态。

花语：纯洁、高贵、端庄，我足以与你相配。

花瓣厚实，开放后花瓣边缘会微微翻起，花瓣上还有小小的“美人尖”。

紫色骄傲

除了原产于荷兰的“骄傲”，另有一款来自法国的紫色月季也叫“骄傲”。

夏之雪

【英 文 名】Summer Snow

【别　　名】夏日雪、夏雪

【花　　型】半重瓣

【香　　型】淡香 / 无香

【开 花 性】多季开花

夏之雪的花朵为象牙白色，花朵直径约 6 厘米，半重瓣型，数朵花成簇开放，花量大，基本无香。

心之水滴

【英 文 名】Shizuku

【原 产 地】日本

【花　　型】重瓣

【香　　型】浓香

【开 花 性】多季开花

心之水滴的花型是古典玫瑰的深杯状，花朵直径 7~10 厘米。它植株较小，枝条细软，因而花朵会垂头。勤花，可多季重复开花，小簇成群开放，带有较为浓郁的香味。

心之水滴是美咲的枝变品种，再往前追溯，它其实有粉妆楼的血统。

美咲

粉妆楼

常绿蔷薇变种

杜邦蔷薇

雪球

【英 文 名】Snowball

【原 产 地】丹麦

【花　　型】重瓣

【香　　型】淡香 / 无香

【开 花 性】多季开花

雪球的初花为淡奶黄色，之后会慢慢变白，完全盛开的花朵呈蜂窝状。它植株不高，耐寒性极佳，哪怕是在零下30℃的天气中也能生存。

Tips

即使是耐寒品种，在极端低温条件下也可能受到损伤，因此建议在冬天采取额外的保暖措施，如搭建简易温室或使用植物保暖材料包裹以保障植株安全过冬。

彗星

【英 文 名】Cometa

【原 产 地】意大利

【花　　型】重瓣

【香　　型】淡香

【开 花 性】多季开花

克莱尔 · 奥斯汀

【英 文 名】Claire Austin

【原 产 地】英国

【花　　型】重瓣

【香　　型】浓香

【开 花 性】多季开花

它的花朵有着强烈而美妙的没药香，奇妙的是，没药香中还混合了绣线菊、天芥子和香草的清香。

克莱尔·奥斯汀的花朵会在开放过程中从柠檬黄色逐渐变为非常纯净的白色，为英国月季当中的高颜值品种。大卫·奥斯汀十分钟爱这一品种，所以用自己女儿的名字命名了此花。

不过，这种花并不是十全十美，它的花期较短，是代表性的“一日散”品种。

世界上最昂贵的玫瑰品种

朱丽叶是大卫·奥斯汀用时 15 年耗资约 300 万英镑（300 万英镑换算成人民币大约是 2755 万元）培育出的品种，朱丽叶也因此成为世界上最昂贵的玫瑰品种。

朱丽叶

茴芹叶蔷薇

【拉丁学名】*Rosa pimpinellifolia*

【别　　名】苏格兰白玫瑰、密刺蔷薇等

【花　　型】单瓣

【开 花 性】一季开花

茴芹叶蔷薇因叶子近似茴芹而得名，多生长于悬崖、荒野和沙丘等地。

野生茴芹叶蔷薇一般被认为是密刺蔷薇的同种异名蔷薇，茎上长有密密麻麻的皮刺。

在我国新疆喀纳斯湖区的山地、草地、林间、灌木丛和河岸等处都可见到茴芹叶蔷薇，其花朵较大，散发着香甜的气味。果实呈饱满的球状，成熟时会变成黑色，富有光泽。

茴芹叶蔷薇在苏格兰文学中常被称为“苏格兰白玫瑰”。传说，英国的查尔斯·爱德华·斯图亚特在起身去参加卡洛登沼泽之战前，曾从花园里摘下一朵茴芹叶蔷薇插在了自己的帽子上，而这一战将决定他能否复辟斯图亚特王朝。虽然他最终失败了，但这个故事也让茴芹叶蔷薇身上多了一层传奇色彩。

硕苞蔷薇的花瓣洁白厚实，花朵直径可达10厘米。硕苞蔷薇的果实为黑色，很有识别性。

硕苞蔷薇的苞片很大。苞片位于花蕾下方，紧贴着花梗。

在18世纪硕苞蔷薇传入西方之时，西方民众一下就被它的高颜值征服了，纷纷称它为“最美丽的中国玫瑰”。此后，西方世界便掀起了培育玫瑰新品种的热潮。

硕苞蔷薇

【拉丁学名】	*Rosa bracteata*
【别　　名】	麦卡特尼蔷薇
【原 产 地】	中国
【花　　型】	单瓣
【开 花 性】	一季开花

重瓣苹果蔷薇

【拉丁学名】*Rosa villosa×Rosa pimpinellifolia*

【英 文 名】Apple Rose hybrid

【花　　型】重瓣

【香　　型】淡香

【开 花 性】一季开花

窄叶草地蔷薇

【拉丁学名】*Rosa agrestis* CV.

【花　　型】单瓣

【香　　型】淡香

【开 花 性】一季开花

半重瓣白蔷薇

【拉丁学名】*Rosa* ×*alba* L.‘semiplena’

【英 文 名】Semi-double White Rose

【原 产 地】欧洲

【花　　型】半重瓣

半重瓣白蔷薇是一个古老的品种，香气清新，历史悠久，广受中世纪人们的喜爱。它耐寒性极佳，即便零下40℃的低温也伤害不了它，一般认为它是法国蔷薇和犬蔷薇的杂交种。其用途广泛，除了用于园艺之外还可用来生产玫瑰精油。

玫瑰精油是这样发明出来的吗？

传说莫卧儿王朝的努尔·玛哈儿公主非常喜欢玫瑰，她的园丁为了讨她欢心，竟然设法将玫瑰种在了水池中。有一天，努尔公主路过水池时，发现水面上漂着一层薄薄的、有着芳香气味的油，她出于好奇用手指蘸了一点点那种油涂抹在了脸上。没想到，这种奇异的芬芳竟然持续了好几天。努尔公主惊喜万分，从此她每日都用花池中的油擦脸，使得肌肤娇嫩光滑，面若桃花。

当然，以上只是一个传说，其实玫瑰精油的提炼方法是中世纪时期在提炼黄金的过程中被偶然发明出来的，而到了16世纪，德国化学家才首次从玫瑰中提炼出单一成分的玫瑰精油。

白普罗旺斯

疑似白蔷薇之恋

花语：与你相遇的那一天，连空气都是甜的。

白雪山

【英 文 名】Avalanche

【原 产 地】荷兰

【花　　型】重瓣

【香　　型】淡香

【开 花 性】多季开花

白雪山的花朵较大，直径可达 13 厘米，高杯状花型，初开时带有淡淡的浅绿色，开放后变为纯白色，是一个高档的切花月季品种，也常被用来制作新娘的手捧花。

白雪山的叶子是革质的，为不常见的灰绿色。

白雪山初开的花瓣带有淡淡的绿色，但随着花朵的开放，绿色会逐渐褪去，转变为纯净的白色。

白雪山是一个非常有代表性的白色玫瑰品种，在白色玫瑰的销量中它曾一度独占半壁江山。白雪山花量巨大，长势旺盛，不易受病虫害侵扰。它属开花较晚的品种，如果是庭院种植，开花时间会比其他品种约晚一轮。

“雪山”系列的花除白雪山外，还有粉雪山、糖果雪山、蜜桃雪山等。

粉雪山

糖果雪山

蜜桃雪山

天鹅古董

【英 文 名】Neoantique Cygne

【原 产 地】日本

【花　　型】重瓣

【香　　型】浓香

【开 花 性】多季开花

天鹅古董有着细长而优雅的花茎，花瓣洁白温润，边缘像天鹅的羽毛，多季开花，勤花。

婚礼之路因花很大且花瓣排列紧密，常被戏称为大包子。

婚礼之路

【英 文 名】Wedding Road

【别　　名】婚礼钟声

【原 产 地】法国

【花　　型】重瓣

【香　　型】浓香

【开 花 性】多季开花

婚礼之路与婚礼的钟声并非同一种花。婚礼之路的花瓣如同丝绸般光滑，微微泛着珠光，给人一种神圣的感觉，在婚礼上特别受欢迎。

整体来说，婚礼之路是一个很优秀的品种：株型圆润，姿态挺拔；枝条硬朗，叶片肥厚；花期较长，单朵花可盛开两个星期，具备多季重复开花的能力；花香浓烈且富有变化，初开花时，花朵会散发出麝香混合着胡椒的香气，待花朵完全打开后则变为没药香。

如果非要说有美中不足的地方，那就是花瓣偏薄，比较易脏。

花语：优雅的魅力。

它的每朵花都有着绿色的花芯，这是识别它的重要标志。

哈迪夫人

【英 文 名】Madame Hardy

【原 产 地】法国

【花　　型】重瓣

【香　　型】浓香

【开 花 性】一季开花

哈迪夫人被誉为“玫瑰中的皇后”。它是最经典的古典蔷薇品种之一，以晶莹剔透的白色花朵和浓郁的古老玫瑰香气而闻名。

冰山

【英 文 名】Iceberg

【原 产 地】德国

【花　　型】重瓣

【香　　型】淡香

【开 花 性】多季开花

冰山问世于1958年，被誉为全球十大月季品种之一。它洁白的花瓣带有一点点透明感，花朵为纯白色，花量大，同时盛放的花朵聚集在一起，仿佛一座不会融化的冰山。

它与杂交麝香蔷薇有着亲缘关系，因而整体形态类似于杂交麝香蔷薇。

它的芽变品种有粉冰山和勃艮第冰山两种。

粉冰山

勃艮第冰山

白大马士革蔷薇

【拉丁学名】*Rosa×bifera*

【花　　型】重瓣

【香　　型】浓香

【开 花 性】一季开花

现在白色的大马士革蔷薇已近乎绝迹，好在一生钟爱画植物的雷杜德用画笔记录下了当时它美丽的样子，让今日的我们还能一睹它的容颜。

白大马士革蔷薇除了花朵颜色为白色，在形态特征上与秋大马士革蔷薇几乎没有不同。

大马士革蔷薇的花瓣富含芳香油，最初是作为香料进行栽培的，是世界上最富有经济价值的蔷薇属植物之一。

坦尼克

【英文名】Tineke

【原产地】荷兰

【花　型】重瓣

【香　型】淡香 / 无香

【开花性】多季开花

坦尼克玫瑰是白玫瑰中耀眼的明星，花色纯白，由内而外地散发着圣洁之美。花朵直径平均 10 厘米，高芯卷边杯状花型，花瓣数量通常为 50~55 枚，花梗、枝条硬挺，少刺，勤花，可多季重复开花，带有淡淡茶香，适合种植观赏，也适合作为切花使用。

花语：纯真的爱。

它的白色花瓣层层叠叠且带有卷边，如同新娘洁白婚纱的裙摆。花型优雅大方，花苞饱满，是花店中最常见的白玫瑰品种，也是婚礼中应用最多的品种之一。

大花香水月季

【原产地】中国

【花　型】单瓣

【香　型】浓香

【开花性】一季开花

大花香水月季是我国独有的珍稀月季品种，现为国家二级濒危物种，是现代月季的祖先之一。

大花香水月季其实并非月季，因为它一季开花。花朵直径 10 厘米左右，盛开时花瓣会微微后卷。它的香气非常浓郁，具有高级香水的质感。

变色大马士革蔷薇

芹叶蔷薇

疑似白花蔷薇

无名重瓣白蔷薇

长叶阿尔巴白蔷薇

【拉丁学名】*Rosa×alba* 'A feuilles de Chanvre'

【花　　型】重瓣

【开 花 性】一季开花

阿尔巴蔷薇是一个古老的品种，有资料显示，自1世纪起，欧洲人就已经开始在庭院中栽种这种花。

阿尔巴蔷薇名字中的“alba”来源于拉丁词汇“albus”，意为“白色的、明亮的”，也有“黎明、日出”之意。

长叶阿尔巴蔷薇的叶子分外细长，自带一种娇柔之美。

玫瑰战争是为争夺玫瑰而打起来的仗吗？

玫瑰战争又称蔷薇战争，是英王爱德华三世的两支后裔兰开斯特家族和约克家族为了争夺英格兰王位而发生的内战。兰开斯特家族的徽章是红玫瑰，而约克家族的徽章是白玫瑰。战争最终以兰开斯特家族的亨利·都铎取胜而结束。

战争结束后，亨利·都铎为让两个家族和解，迎娶了约克家族的伊丽莎白公主，之后，亨利·都铎将兰开斯特家族的红玫瑰与约克家族的白玫瑰合二为一，创造出了都铎玫瑰作为新王朝的徽章。

针叶犬蔷薇

【拉丁学名】*Rosa carina* var.*lutetiana*

【原 产 地】欧洲

【花　　型】单瓣

【香　　型】淡香

针叶犬蔷薇的花在初开时会略带粉色，而在完全盛开后就会变为纯白色。

冰冠绝代佳人

冰冠绝代佳人

【花　　型】重瓣

【香　　型】淡香

【开 花 性】多季开花

冰淇淋阳台

【英 文 名】Ice Cream Balcony

【花　　型】重瓣

【香　　型】无香

【开 花 性】多季开花

冰淇淋阳台

白色圣诞

【英 文 名】White Christmas

【原 产 地】美国

【花　　型】重瓣

【香　　型】浓香

【开 花 性】多季开花

白色圣诞

珍妮·莫罗

【英 文 名】Jeanne Moreau

【别　　名】白香水

【原 产 地】法国

【花　　型】重瓣

【香　　型】浓香

【开 花 性】多季开花

花朵直径可达 10 厘米，初开时是白色的“包子”，逐渐开放后变成杯状花型。盛开后，外面的花瓣会外翻，中间的花瓣则呈螺旋状排列。

珍妮·莫罗是为纪念法国著名女演员 Jeanne Moreau 而培育的。花色为白色，但在温度变低时花芯部分会出现淡淡的粉色，它拥有浓郁而迷人的柑橘香气，是优秀的切花品种。

芬德拉

【英文名】	Vendela
【原产地】	德国
【花　型】	重瓣
【香　型】	淡香 / 无香
【开花性】	多季开花

目前花卉市场的白玫瑰主要有三大品种：坦尼克、白雪山和芬德拉。

芬德拉的花色比普通的白色玫瑰更加晶莹剔透，且层次丰富，白中还透着淡淡的玉色，这让它显得更加高级，它也因此被称为玉玫瑰。

染色玫瑰——蓝色妖姬

芬德拉因易于吸收颜料、花瓣着色效果好而成为染色玫瑰的主要花材。

芬德拉枝条的硬度会随季节变化，有时细软有时硬挺。枝条细软时芬德拉的花朵易垂头，需要借助外力来保持形态。

芬德拉花头饱满，花瓣厚实，开放度高，是优质切花品种，大量用于婚礼场地以及大型活动场地的装饰。

按颜色给玫瑰分类

最常见也最直观的玫瑰分类方法就是按花朵的颜色进行分类。按照花朵的颜色，玫瑰可以分为红色的、白色的、粉色的、黄色的……按照花朵的颜色，玫瑰还可以分为单色的、双色的、复色的等。

霓裳——典型的复色玫瑰

常绿蔷薇

【拉丁学名】	*Rosa sempervirens*
【英 文 名】	Evergreen Rose
【花　　型】	单瓣
【香　　型】	淡香
【开 花 性】	一季开花

常绿蔷薇的花蕾为浅粉色的，盛开的白色花瓣上也略略透着浅粉色。

常绿蔷薇的果实为鲜红的球状。

常绿蔷薇虽然属于常绿植物，但它其实相当不耐寒，而是多数生长在相对温暖靠海的地方。常绿蔷薇的枝条柔韧，皮刺稀少，叶小而富有光泽。

常绿蔷薇栽培种

【拉丁学名】*Rosa sempervirens* CV.

【英 文 名】Variety Evergreen Rose

【花　　型】单瓣

【香　　型】淡香

【开 花 性】一季开花

它的叶片呈深灰绿色，微微下垂，颇具美感。

常绿蔷薇栽培种的皮刺呈楔形，上面没有钩。

常绿蔷薇栽培种与常绿蔷薇整体的形态很相似，但花朵较大，叶片也较大。其花枝纤细柔软，叶柄较长，托叶大部分贴生。

格拉米斯城堡

【英 文 名】Glamis Castle

【原 产 地】英国

【花　　型】重瓣

【香　　型】中度

【开 花 性】多季开花

格拉米斯城堡是一个近乎纯白色的品种，花色洁白淡雅，花朵圆润饱满，中等大小。花香主要为清新的甜美味道，之中还有一点点没药香。

格拉米斯城堡生长速度快，只要气温不是太低，全年都可生长。

Tips

格拉米斯城堡属于耐修剪的类型，可以在每次开完花后轻微修剪一下，以加速复花。冬天结束后也应重剪一次，以使春花开得更加灿烂。

传说格拉米斯城堡是苏格兰最诡异的城堡，当年大文豪莎士比亚就是从这里的鬼魂传说中获得灵感，写下了著名的四大悲剧之一《麦克白》。

泰勒

【英 文 名】Taylor

【花　　型】重瓣

【开 花 性】多季开花

白美人

【英 文 名】White Beauty

【花　　型】重瓣

【香　　型】淡香

【开 花 性】多季开花

温彻斯特大教堂

【英 文 名】Winchester Cathedral

【原 产 地】英国

【花　　型】重瓣

【香　　型】淡香

【开 花 性】多季开花

这种花是以英国最大的教堂之一温彻斯特大教堂的名字命名的，母本为玛丽·罗斯。它的花朵为纯白色，杯状花型，有着蜂蜜混合了杏仁的奇特香味。

温彻斯特大教堂的花苞在未开时常带有一点点的红色，而在花朵全开后那抹红色就消失不见了。

玛丽·罗斯是大卫·奥斯汀1983年培育出的品种。

玛丽·罗斯

江南的开放度很高，盛开时花瓣会外翻，但花型依然能保持完好。

江南

【花　　型】重瓣

【香　　型】淡香

【开 花 性】多季开花

江南为常见切花品种之一，有淡淡的果香。

江南的花色会随着花朵的开放逐渐从奶油白色变为冷白色；花瓣上带有些许绿色，边沿会卷成尖角。江南的花瓣厚实，即使在高温条件下，单花也能开放10天以上。

白荔枝

【英 文 名】White O'Hara

【别　　名】白色哈娜、白色欧哈娜

【原 产 地】法国

【花　　型】重瓣

【香　　型】浓香

【开 花 性】多季开花

白荔枝花朵的外瓣多为白色，而内瓣多为粉色，勤花，可多季重复开花，花朵直径10~14 厘米，属于奥斯汀花型。花瓣层层叠叠，质感好，香气浓郁，长势强劲。

花语：守护爱情。

花朵中心呈粉色，是白荔枝的重要特征之一。

有荔枝香气的玫瑰花

除白荔枝和粉荔枝外，下面这些花的香味也带有荔枝香。

曼塔

坦尼克

尤金妮

Tips

1. 白荔枝怕热、怕晒，在夏季要进行适当的遮阴，否则容易出现叶片枯黄、花朵凋谢的情况。

2. 白荔枝还容易受到一些常见的病虫害的侵袭，因此，在养护过程中，需要定期检查植株的生长状况，及时发现并处理病虫害问题。

Fairy Rose
小仙女

绿玫瑰的花语：永恒的爱。

绿玫瑰

希望与活力

绿冰

【英 文 名】Green Ice

【原 产 地】美国

【花　　型】重瓣

【香　　型】淡香

【开 花 性】多季开花

绿冰植株矮小，成年植株一般只有 30~50 厘米高，侧枝多，枝条细长，叶色翠绿。

绿冰花朵直径 2~4 厘米，样子犹如蔷薇与牡丹的结合。

Tips

如果想欣赏花色为绿色的绿冰花朵，宜将植株放到阴凉的环境中，光照越少，它的花色越翠绿；但如果温度太低的话，它的花色就会变为粉色。

它花量大，多头集群开花，花色会随开放时间而变化：初开时是淡粉，之后会变成淡杏粉、淡黄绿、黄绿，最后变成纯绿色。绿冰开花后会散发出一种温和的玫瑰花香味。

绿冰特别耐热，哪怕温度达到 30℃以上，它也一样可以大量开花。它的抗病能力极佳，如轻微染病，剪掉枝条多可自愈，很易养护。

小乔

【英 文 名】	Jutta
【原 产 地】	荷兰
【花　　型】	重瓣
【香　　型】	淡香
【开 花 性】	多季开花

小乔的花朵是绿色的，外面部分的花瓣颜色略深，花芯部分的花瓣颜色略浅。花型为卷芯高杯状，花朵直径 8~10 厘米；花瓣层层叠叠，厚实而饱满；香味清新而淡雅。

绿茵

【别　　名】	迷人的绿
【原 产 地】	法国
【花　　型】	重瓣
【香　　型】	淡香
【开 花 性】	多季开花

绿茵花色翠绿，杯状花型，花朵直径 7 厘米左右，香气清幽，姿态典雅，花朵整齐性好。

Tips

绿茵易受到黑斑病、霉菌和蚜虫等病虫害的侵袭，在养护过程中如发现病虫害问题，应及时喷洒合适的杀菌剂和杀虫剂。

奶油伊甸园

【英 文 名】Creamy Eden

【别　　名】奶油龙沙宝石

【原 产 地】法国

【花　　型】重瓣

【香　　型】几乎无香

【开 花 性】多季开花

奶油伊甸园植株低矮，只有 40~50 厘米高，分枝性好，长势快，总是大簇开放，可塑性强，耐修剪，抗病性、耐热性也极好，炎炎夏日中也能开出花型很标准的花。

奶油伊甸园在刚开花时，花瓣是奶黄色的，随着时间推移，颜色会慢慢过渡到淡绿色，变为绿色后，花瓣还会呈现出晕染效果。

奶油伊甸园的花型为古典杯状，花瓣厚实。单花花期很长，可达 20 天。

Tips

奶油伊甸园一般用扦插的方式繁殖，具体方法为：选用半木质化的枝条，先插入清水中约半个月，待生根后直接栽于培养土中。

绿柠檬

【花　　型】重瓣

【香　　型】淡香

【开 花 性】多季开花

绿柠檬的花朵立体，花量大，易“爆盆”。花瓣数量多且边缘略带波浪边。绿柠檬的花色是一直变化的：初开的时候是粉色的，一段时间后会变白，最后会变成绿色。

绿星

【英 文 名】Green Star

【原 产 地】中国

【花　　型】重瓣

【香　　型】淡香

【开 花 性】多季开花

花朵的样子很像包菜，十分耐开。

绿星由中国农科院于1990年推出，亲本为白雪山和绿云。植株半直立，叶片中绿，枝条修长，刺少，抗病能力强，耐晒能力和耐旱能力卓越。

花朵直径10~12厘米，花期半个月左右，花香为好闻的茶香。花瓣数量60~70片。初开时花瓣为浅豆绿色，随着时间的推移，花色会逐渐变淡。

琉璃翠

【英 文 名】Dynamic

【原 产 地】荷兰

【花　　型】重瓣

【香　　型】淡香

【开 花 性】多季开花

琉璃翠正式的名字叫动力，但国内一般会叫它琉璃翠。高杯状花型，花朵直径 8~10 厘米，花瓣厚实，包裹紧实，不易受损，耐运输。花香为淡雅的玫瑰香。

琉璃翠是一种喜阳的花卉，生长过程中需要充足的阳光，如果缺乏光照，它的生长和开花就会受到很大影响。

它外层的花瓣是深绿色的。

花芯部分多为淡粉色。

天气炎热时，琉璃翠的叶片会变成黄绿色。

Tips

琉璃翠的根部容易腐烂病变，养护过程中要避免根部积水或过度湿润。

夏雨荷

【英 文 名】White Kahala

【别　　名】白色卡哈拉

【花　　型】重瓣

【香　　型】无香

【开 花 性】多季开花

夏雨荷的植株高约 1 米，直立性好，花朵直径大约 8 厘米，耐开耐晒，单朵花的花期在 10 天以上。它的生长速度不是很快，分枝性也一般。

花朵绽放时，中心的花瓣会有规律地依次向外展开，使花朵呈莲花状。外瓣为绿色，花芯为奶白色。

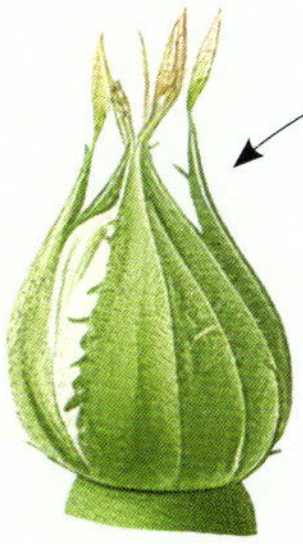

花苞有点儿难以打开，应在花期保证植株得到充足的光照。

在花蕾时期，它绿色的外瓣包裹得非常紧致，使整个花蕾看起来就像一个小圆球儿。

绿色行星

【英 文 名】Green Planet

【原 产 地】荷兰

【花　　型】重瓣

【香　　型】淡香 / 无香

【开 花 性】多季开花

绿色行星植株高 60~75 厘米，生长速度较快，很快就能形成丰满的花丛。高温条件下花色呈奶油黄色，低温条件下花色呈绿色，且天气越冷颜色越绿。花朵直径 8 厘米左右，小簇开花。

花瓣厚实，边缘呈波浪状，并微微卷曲。

叶子较多，可能会阻挡部分光线，进而影响光合作用的效果。

Tips

绿色行星的抗病性一般，在栽培过程中需要额外注意，以确保植株健康。

绿闪电的花朵很小，直径只有 2 厘米左右。

花瓣为淡绿色，质感很硬，呈透明状。

绿闪电

【英 文 名】Eclaire

【原 产 地】日本

【花　　型】重瓣

【香　　型】淡香 / 无香

【开 花 性】多季开花

绿闪电的叶片、花朵、枝干和花骨朵儿都是绿色的。植株高 30~40 厘米，株型扩张生长，花朵繁多，是白科斯特的芽变品种，枝条柔软纤细。

白科斯特为荷兰“科斯特”系列中的一个品种，该系列中有红、粉、白、橙四个花色。

凌波

【英 文 名】Limbo

【别　　名】迷失城

【原 产 地】德国

【花　　型】重瓣

【香　　型】淡香

【开 花 性】多季开花

凌波株高 70~90 厘米，具有中等密度皮刺，叶片有光泽。花朵直径 8~10 厘米，花色为白色、奶油色和绿色的混合，高温天气中花色会整体偏黄。

苏萨

【英 文 名】Zazu

【别　　名】沙祖

【原 产 地】荷兰

【花　　型】重瓣

【香　　型】淡香

【开 花 性】多季开花

苏萨植株高 60~80 厘米，花朵直径 6~8 厘米，枝干健壮，花茎直立性好，植株生长旺盛。整朵花呈卷心菜状，花型紧凑。

苏萨是伊朗一座历史悠久的城市。1901 年，著名的《汉谟拉比法典》（现存于法国卢浮宫博物馆）在此出土。

绿萼

【拉丁学名】	*Rosa chinensis* f. *viridiflora* C.K.Schneid.
【别　　名】	帝君袍、蓝田碧玉
【原 产 地】	中国
【花　　型】	重瓣
【香　　型】	无香
【开 花 性】	多季开花

绿萼是国宝级的古代月季品种，十分珍稀，不少品种园和园林单位都将其作为镇园之宝保存。它产生于何朝何代已不可考，但有关它的栽培记录最早可追溯到1743年。

因叶子呈暗绿色，似泛蓝光，绿萼也被称为“蓝田碧玉”。

绿萼植株高 60~120 厘米，枝条中等直立，花朵直径 2.5~4 厘米，雌蕊、雄蕊均已退化，花瓣其实是从雄蕊畸变而来。花朵多为单生，大簇开花。

花瓣窄、尖、细，
看上去有些像叶子，
也有些像萼片。

绿萼的种子

2006 年的一项研究表明，绿萼与月月粉基因相同，该研究确认绿萼是从月月粉芽变而来。而绿萼是一个严重不育的品种，很难结出种子来，所以绿萼主要靠嫁接、扦插和压条的方式繁殖。

绿萼还有一个霸气的名字——帝君袍，因为它的花色与叶片一样，都是纯绿色的，与“武圣”、文衡帝君关羽所穿袍服同色。它的花可以像叶子一样进行光合作用，故单朵花期可长达半年。

绿色格林

【英 文 名】Green Romantica

【别　　名】浪漫格林

【原 产 地】法国

【花　　型】重瓣

【香　　型】无香

【开 花 性】多季开花

绿色格林的花瓣从外到内逐渐变浅，初开颜色较深，到了后期就会变成近乎白色的浅绿色。花朵直径10~12 厘米，单花花期 10 天左右。

月光石

月光石

若菜

若菜

【英 文 名】Wakana

【原 产 地】日本

【花　　型】重瓣

【香　　型】淡香

【开 花 性】多季开花

若菜为木村卓功的作品，花朵的整体形态如卷心菜，开花时间能维持 2 个星期左右。

Tips

施肥过多会使花色变白，而少量施肥则能使花色的翠绿感更为强烈。

结绿珍这一名字来自李白的诗，李白在《赠范金卿二首》中有“我有结绿珍，久藏浊水泥”之句。结绿是古代传说中的一种珍贵宝石。

结绿珍的株型好，长势快，在正常情况下，修剪后两周就开始“爆芽”。

结绿珍适合有一定经验的种植者养护，养护时尤其要注意对土壤酸碱度的把控。

从叶片的形态来看，它应该是科斯特的芽变品种。

结绿珍花朵不大，花朵直径 4~5 厘米，花朵很“包”，多头开花。

结绿珍的叶片

白科斯特的叶片

结绿珍

【原 产 地】日本

【花　　型】重瓣

【香　　型】无香

【开 花 性】多季开花

超级绿色

【英 文 名】Super Green

【别　　名】绿舞裙

【原 产 地】法国

【花　　型】重瓣

【开 花 性】多季开花

超级绿色的花瓣带有褶皱和波浪形的花边，使整朵花的样子有些类似生菜。

叶子大，表面光滑。

植株高1米左右，花朵直径7~9厘米，花瓣数量不是很多，在40片以内，但排列紧凑，形态美观。它带有适度的茶香，绿色持久性极佳，即使在花败时仍能保持原有的色调，而不会像多数绿色品种那样花色逐渐转白。

Tips

超级绿色的抗病能力较差，尤其是对白粉病的抵抗力较弱，种植时需要定期检查并采取防治措施。

绿色地球

【别　　名】绿色大地

【原 产 地】日本

【花　　型】重瓣

【香　　型】淡香

【开 花 性】多季开花

绿色地球的花瓣质地坚韧，但随着花朵的开放，它们会逐渐变得柔软。

绿色地球的培育者为木村卓功，它是一个颜色比较稳定的品种。植株高40~70厘米，花朵直径4~6厘米，球状开花形式，开花时，会散发出淡淡的茶香。

绿野

【原 产 地】中国

【花　　型】重瓣

【香　　型】淡香

【开 花 性】多季开花

绿野是中国农业科学院自育的一个绿色品种。该品种植株长势旺盛，成年植株能长到3米高，树型直立挺拔，分枝能力好，身上几乎无刺，只在根部有少许皮刺。

花型为圆润的盘状，花朵直径最大可达12厘米，初绽时为黄中泛绿，盛开后则转为豆绿，花香为淡淡的茶香。它的花期可达半个月，勤花，是很耐开的一个优质品种。

绿韵

【花　　型】重瓣

【开 花 性】多季开花

绿韵外层的花瓣上带有一点点红色的花边。

绿韵外层的花瓣是淡绿色的，从外向内花色逐渐变浅，直至变为浅黄色。在完全开放时，绿韵外层的花瓣还会优雅地外翻。瓶插的绿韵花期较长，如果养护得当，可以持续绽放 10~15 天。

绿韵的养护需要一定的经验和技巧，不建议新手养护。

绿美人

【英 文 名】Green Beauty

【原 产 地】荷兰

【花　　型】重瓣

【香　　型】淡香

【开 花 性】多季开花

花瓣带有波浪边，层次丰富，内层花瓣为杏色，向外渐渐变绿，外层花瓣完全变为绿色。

绿美人为一个矮灌木切花品种，生长速度中等。植株高 80~100 厘米，花瓣厚实、肥大，花朵直径 8~10 厘米，花茎粗直，花朵直立，花香为温和的甜香。

永远的科夫

【英 文 名】Corfu Forever

【原 产 地】丹麦

【花　　型】重瓣

【香　　型】淡香

【开 花 性】多季开花

永远的科夫植株小巧，株高 30 厘米左右，叶子呈深绿色，抗病能力强，喜好全日照，非常适合在阳台、窗台上种植。花朵直径 6 厘米左右，花量大，会散发出一种淡淡的玫瑰香。

外部花瓣为淡绿色。

花芯部分为奶油黄色。

永远的科夫为“永远”系列（“永恒”系列）品种之一。这一系列名品比较多，包括永远的艾帕索、永远的格陵兰和永远的莫斯科等。

永远的艾帕索

永远的格陵兰

永远的莫斯科

上官婉儿

【原 产 地】荷兰

【花　　型】重瓣

【香　　型】无香

【开 花 性】多季开花

上官婉儿是“古典美人”系列中的一个品种，株高 1 米左右，花朵直径 8~10 厘米，奥斯汀花型，花头圆润饱满，花瓣上带有波浪边，外瓣绿色，里瓣粉橙色。

上官婉儿单朵的花期为 15 天左右，抗病性强，环境适应能力好，是一个非常优秀的复色品种。

紫玫瑰的花语：你在我心中无可替代。

紫玫瑰

神秘与梦幻

灰珍珠

【英 文 名】Gray Pearl

【原 产 地】爱尔兰

【花　　型】重瓣

【香　　型】浓香

【开 花 性】多季开花

灰珍珠于1934年问世，被认为是现代蓝色月季的鼻祖。

灰珍珠植株高70~120厘米，花朵直径为8~10厘米。它的花色是棕褐色和淡紫色的组合，与老鼠的毛色有些相近，所以又有“老鼠”之称。

灰珍珠是多数蓝紫色系蔷薇属植物的祖先。它的花色会随着气温变化而变化：夏天时，它的颜色偏灰棕色；而到了冬天，则偏灰紫色。

灰珍珠叶片厚实，即使在冬季也显得生机勃勃。

奥秘

【法 文 名】Mystérieuse

【别　　名】神秘

【原 产 地】法国

【花　　型】重瓣

【香　　型】浓香

【开 花 性】多季开花

奥秘的花朵颜色为梦幻的蓝紫色，初开时颜色最深，随着时间的推移，颜色会逐渐变浅，直至变为紫灰色调。

花朵直立，不垂头，杯状花型，花朵直径4~6厘米，有浓郁的老玫瑰香味。植株高1~1.2米，多头成簇开放，叶片油亮，耐晒，耐雨淋。喜好全日照，花期自春末至秋末，可多季重复开花。

关于紫玫瑰由来的传说

相传，在古代的北欧，有一个叫商洛凡的男子，他的爱人玫瑰不幸得病去世了。他不忍心爱人被埋在土中慢慢腐烂，就将她葬在了月亮湖底的紫水晶里。许久之后，紫水晶上开出了大片的紫色花朵，人们便称那些花朵为紫玫瑰。

因为“紫”和“只”发音相似，所以紫玫瑰象征着“只爱你一人”，被视为守护永恒爱情的花朵。

诺瓦利斯

【英 文 名】Novalis

【别　　名】蓝花诗人、波塞冬

【原 产 地】德国

【花　　型】重瓣

【香　　型】淡香

【开 花 性】多季开花

诺瓦利斯是以有着“蓝花诗人”之称的弗里德里希·弗赖赫尔·冯·哈登伯格的笔名命名的。

诺瓦利斯植株高150厘米左右，枝条坚硬挺拔，花朵直径约9厘米，杯状，香味为温和的茶香与果香的混合。

花色为薰衣草紫色，明亮而独特，但随着花朵的盛开颜色会逐渐变淡，有时会带有灰白色调。花瓣数量不是很多，但包裹性很好。

花苞不耐雨淋，被雨淋后会从内部开始腐烂。

花瓣带有“美人尖”，盛开时会向外翻卷，很薄，不耐晒。

叶子浓密。

Tips

诺瓦利斯的开花频率不高，不耐阴，光照少了会导致开花推迟和花量减少。

雅

【英 文 名】miyabi

【别　　名】雅致

【原 产 地】日本

【花　　型】重瓣

【香　　型】淡香 / 无香

【开 花 性】多季开花

“雅”是日本育种家国枝启司培育的一个系列品种。该系列包含了雅、天空、一生、美琴和弦这 5 个品种。

雅这一品种植株高 80~120 厘米，枝条粗壮，分枝多，单朵花期 5 天左右。

雅因颜色雅致而得名。初开花时它的花色为紫色，完全盛开后外层花瓣会转为粉色或浅紫色，而花芯部分变为杏色或棕色。花朵直径在 10 厘米左右，花型类似大丽花。

雅的缺点也很明显，主要是不耐热，易生黑斑，基本没有香味。

“雅”系列的其他 4 个品种：

天空

一生

美琴

弦

蓝月石

蓝月石为日本育种家河本纯子所培育，植株高可达 2 米，长势强劲，花朵直径 6~8 厘米，单朵花期5天左右，总是成簇开放，有着淡淡的水果甜香。

【英 文 名】Blue Moon Stone

【别　　名】青月石

【原 产 地】日本

【花　　型】重瓣

【香　　型】淡香

【开 花 性】多季开花

蓝色迷雾

【英 文 名】Blue Vague

【原 产 地】日本

【花　　型】半重瓣

【香　　型】淡香

【开 花 性】多季开花

蓝色迷雾植株高 1.2~1.5 米，花朵直径 8~10 厘米，为茶香杂交类别中的一个品种，整体长势偏弱，不耐黑斑。花型为半剑瓣高芯，花芯呈灰紫色，周围花瓣呈淡银色，花瓣带有波浪边。

合唱团

【英 文 名】Huddersfield Choral Society

【原 产 地】英国

【花　　型】重瓣

【香　　型】浓香

【开 花 性】多季开花

合唱团的全称为“哈德斯菲尔德合唱团”，是为庆祝哈德斯菲尔德合唱团成立 175 周年而培育的。

植株高约 80 厘米，生长迅速，直立性和分枝性佳，耐修剪。杯状花型，花朵直径 7~10 厘米，花瓣厚实，叶子深绿色，半光泽。

蜻蜓

【英 文 名】Libellula

【原 产 地】日本

【花　　型】重瓣

【香　　型】浓香

【开 花 性】多季开花

蜻蜓花形优美，花瓣边缘略带波浪边，花朵整体呈杯状，盛开时花瓣层层叠叠，犹如蜻蜓翅膀般轻盈，这也是它得名“蜻蜓”的原因之一。

蜻蜓植株高 120 厘米左右，身上几乎无刺，花朵直径 7~10 厘米。蜻蜓的花色为标准的薰衣草色，但遇高温花色会变淡。它花型立体，不易散落，能够一年四季持续开花；花香浓郁，带有柠檬和玫瑰混合的香气。

新浪潮

【英 文 名】New Wave

【原 产 地】日本

【花　　型】重瓣

【香　　型】中度

【开 花 性】多季开花

新浪潮的花与蜻蜓有些像，但比蜻蜓的要大，花朵直径可达 12 厘米。花色多为淡紫色，偶尔也会与灰色混合，特殊情况下，也会开出咖啡色的花朵。

植株高 1~1.2 米，枝干有较强的直立性，叶片大而翠绿，表面光滑油亮，刺很少。新浪潮为多头集群开花形式，一个花枝就是一束花，养护得当，一年四季都能开花。花香为玫瑰香和麝香的混合。

它花瓣较少，但花瓣边缘带有波浪边，且呈螺旋状排列，显得整齐美观。

外瓣的颜色较浅，近白色。

蓝雨

【英 文 名】	Rainy Blue
【别　　名】	蓝色阴雨
【原 产 地】	德国
【花　　型】	重瓣
【香　　型】	淡香
【开 花 性】	多季开花

蓝雨的花为浅紫色，香味清淡，成簇开放，花量大。植株高约 150 厘米，株型紧凑浑圆，花朵直径约 6 厘米，多在春秋两季盛开，夏季只零星开放。蓝雨环境适应性很强，能够通过扦插的方式繁殖，属于易栽培的品种。

枝条细长柔软，花朵多下垂，很适合用来装饰围栏和篱笆。

月季界的“蓝”与“紫”

自然界中并不存在真正的蓝色月季，那些带蓝色字眼的月季多是浅紫色。这或许是因为蓝色和紫色在光谱上相邻，一些浅紫色花朵在特定光线或视觉角度下，容易让人产生其带有蓝色调的感觉。

蓝雨的叶子小巧、翠绿。

刺不多，只有根部老枝上刺稍多些，新枝条上几乎无刺。

仙容

【英文名】	Angel Face
【别　名】	天使的面容
【原产地】	美国
【花　型】	重瓣
【香　型】	浓香
【开花性】	多季开花

仙容的花色为淡紫色或蓝紫色，日晒后会泛红晕。它生长速度快，分枝多，叶片深绿，革质。花朵直径 8~10 厘米，高芯卷边杯状花型，花香为浓郁的柑橘香和茶香的混合，花瓣的包裹性非常好。

花瓣上带有尖尖的角，开放后会微微外翻。

碧海

【英文名】	Maritim
【别　名】	玛丽蒂姆
【原产地】	德国
【花　型】	重瓣
【香　型】	浓香
【开花性】	多季开花

碧海由德国的丹陶公司培育，2009 年问世。它的花色为紫色，在温度低的时候是丁香紫色，在温度高的时候是紫粉色，花朵直径 10~12 厘米。

貂蝉

【英文名】	Westminster Abbey
【别　名】	西敏寺教堂、威斯敏斯特大教堂
【原产地】	荷兰
【花　型】	重瓣
【香　型】	淡香
【开花性】	多季开花

貂蝉是“古典美人”系列当中的一个品种。植株高约 130 厘米，茎干修长坚韧，少刺，叶片宽大翠绿。花朵直径约 10 厘米，盘状花型，花朵为灰紫色，颜色会随着光照的强弱而变化。

冷美人

【英 文 名】Cool Beauty

【别　　名】紫美人、水精灵

【原 产 地】荷兰

【花　　型】重瓣

【香　　型】淡香

【开 花 性】多季开花

花语：笑靥只为你一人绽放。

冷美人的花瓣较少但很厚实，花芯部分包裹紧实。花朵直径 10~12 厘米，比紫霞仙子的花朵要大，香气清幽。冷美人花期很长，单花可开 10 天左右，瓶插花期可达 15 天以上。

冷美人株型小巧，便于修剪，具备较强的耐寒性和耐旱性，对土壤要求也不高，但生长偏缓慢，对病虫害的抵抗能力一般，根部易腐烂病变。

Tips

冷美人的花朵不易开放，需要适当养护和管理才能达到最佳状态，相较于其他品种，冷美人的养护要求更高。

紫霞仙子

【英 文 名】Nightingale

【别　　名】夜莺

【原 产 地】荷兰

【花　　型】重瓣

【香　　型】淡香

【开 花 性】多季开花

Tips

紫霞仙子的耐寒性相对较差，不能承受太低的气温。如果是在寒冷的地区种植，需要采取一定的保暖措施，防止植株被冻伤。

花语：为爱不顾一切。

紫霞仙子在国外被叫作“夜莺”，而它在我们国内的名字来源于经典电影《大话西游》。

植株高度为1~1.5米，花朵直径7~10厘米，香气淡雅。紫霞仙子在不同季节都能绽放，可持续开花4~5个月之久，单朵花期15天左右。紫霞仙子的耐热性也不错，即使在酷暑之中也能正常开放且保持不褪色。

它属于低刺型，但枝条偏短，作为切花使用有时会影响效果。

紫精灵

【英 文 名】Lavender Folies

【别　　名】薰衣草女神

【原 产 地】法国

【花　　型】重瓣

【香　　型】无香

【开 花 性】多季开花

紫精灵的植株高50厘米左右，花朵直径为4~6厘米，杯状花型。花量大，单朵花的花期在10天左右。紫精灵对环境的要求较低，无论是寒冷的天气还是炎热的天气，都可以很好地生长。不过，它的长势较慢，生长初期可能出现僵苗现象，需较长时间恢复。

夏季花朵会偏粉色，其余季节花色均为紫色。

蓝月

【英 文 名】Blue Moon

【原 产 地】德国

【花　　型】重瓣

【香　　型】浓香

【开 花 性】多季开花

蓝月的植株直立、壮硕，高度在 90 厘米左右，茎细长。花色为薰衣草色，高芯卷边，花朵直径 10 厘米左右，花瓣不多但很大，花开到后期会露出花芯，是一个杂交茶香品种，香气浓郁。它对霜冻比较敏感，因而更适宜在温暖地区种植。

蓝丝带

【英 文 名】Blue Ribbon

【原 产 地】德国

【花　　型】重瓣

【香　　型】浓香

【开 花 性】多季开花

蓝丝带是一个大花香水型的品种，带有浓浓的果香。花型为高芯卷边状，开放缓慢；叶面平整，有光泽。蓝丝带喜欢温暖湿润、光线充足的环境，在低于 5℃和高于 30℃的环境中会处于半休眠状态。

蓝色香水

【英 文 名】Blue Parfum

【原 产 地】德国

【花　　型】重瓣

【香　　型】浓香

【开 花 性】多季开花

蓝色香水问世于 1978 年，植株高 90~120 厘米，多季开花，花量很大，花朵直径 11 厘米左右。花色为蓝紫色，被太阳照射后花色会变深。花期较短，天气热时易“一日散”。

海洋之歌

【英 文 名】Ocean Song

【原 产 地】德国

【花　　型】重瓣

【香　　型】淡香

【开 花 性】多季开花

海洋之歌的花朵直径为 8~10 厘米，花型高芯卷边杯状，多头开花，花朵开放度好，花色为淡紫色，内瓣和外瓣颜色比较均匀。花香为淡淡的茶香。

海洋之歌植株高 1.2 米左右，生长迅速，开花频繁，复花速度快，花茎粗壮，几乎无刺。它适应性强，耐寒，耐旱，喜阳光，最适宜的生长气温为 22℃ ~25℃。海洋之歌的植株害怕强光直射，过多的强光直射会导致花蕾发育停滞，花瓣焦枯。

它的用途比较广泛，花朵可以用于提取香料，根、叶、花都能入药。

完全开放后，花芯部分会呈灰丁香色。

嫩枝、嫩叶为微红棕色。

叶片脉络清晰。

Tips

海洋之歌繁密的叶子给病虫害的滋生创造了条件，要定期检查植株的状况，及时处理病虫害。

海洋之谜

【英 文 名】Fifth Avenue

【别　　名】第五大道

【原 产 地】荷兰

【花　　型】重瓣

【香　　型】淡香

【开 花 性】多季开花

海洋之谜的花芯部分花瓣排列整齐。

海洋之谜的花色为淡紫色，比海洋之歌要浅一些。高杯状花型，花朵直径 8~10 厘米。海洋之谜的花瓣数量要比海洋之歌多，外瓣微微泛绿，观赏性很强。

海洋之谜植株高 90~120 厘米，生长速度快，枝茎上只有稀疏的刺分布，单朵花期可长达 15 天，但耐阴性和耐寒性相对一般，易生虫害，对养护环境的要求比较高。

外层花瓣带有一丝淡绿。

海洋之心

【英 文 名】Nautica

【别　　名】诺蒂卡

【原 产 地】德国

【花　　型】重瓣

【香　　型】淡香 / 无香

【开 花 性】多季开花

海洋之心的花朵直径为 5~6 厘米，花色为粉紫色，具有不是很明显的渐变效果。花瓣厚实且有质感，带有波浪形的花边。

它植株低矮紧凑，高度一般只有 70 厘米左右，分枝性良好，少刺，抗病能力强，比较适合家庭盆栽种植。

需要注意的是，海洋之心的植株易倒伏，应适时提供支撑。

曼塔

【英 文 名】Menta

【原 产 地】荷兰

【花　　型】重瓣

【香　　型】淡香

【开 花 性】多季开花

花瓣厚实，顶端有“美人尖”，表面泛着微微的珠光，完全盛开后会翘角。

“曼塔”一词源于希腊语，意为“优雅”或“高贵”。它的花色为高级复古灰紫色，其以独特的低饱和度莫兰迪色赢得了众多花艺师的青睐。

曼塔为高杯状花型，花朵直径11~13厘米，香气淡雅。单花花期非常久，瓶插可开放2个星期左右。

植株高度在130厘米左右，生长速度快，抗病性好，耐热，耐雨淋，非常容易打理，一个枝条上一朵花，花朵开放度极高。但它长势慢，香味也比较淡。

Tips

曼塔在雨多地区易长黑斑。它还比较怕涝，因而浇水不可太频繁，也不适宜种植在湿度比较大的地方。

莫兰迪色系是指饱和度不高的灰色系颜色。莫兰迪色不是某一种固定的颜色，而是一种色彩关系，名称来自意大利艺术家乔治·莫兰迪的一系列静物作品。

莫兰迪色系

叶子油亮、厚实，革质，深绿色。

曼塔的花茎长40~60厘米，使得它非常适合作为切花使用。

紫皇后

【英 文 名】Blue Curiosa

【原 产 地】荷兰

【花　　型】重瓣

【香　　型】淡香 / 无香

【开 花 性】多季开花

紫皇后的花色为丁香紫，天气凉爽时颜色偏紫，高温条件下颜色偏粉。

紫皇后气味温和，杯状花型，耐开，单朵花期10~15天，拥有着沉静、高贵、成熟的魅力，非常适合送给成熟而独立的女性。

植株高90厘米左右，株型紧凑，生长速度快，枝长可达60厘米，少量浅绿色主枝上长有皮刺。

花语：成熟的爱。

Tips

紫皇后对土壤的要求比较高，它适宜生长的土壤要有一定的碱性并且排水性要好。

紫皇后与紫罗兰皇后并不是同一品种。

紫罗兰皇后的花朵为四联状，花色为深紫罗兰色，花朵直径8厘米左右，有着醇香扑鼻的气味。

紫罗兰皇后

蓝河

【英 文 名】Blue River

【原 产 地】德国

【花　　型】重瓣

【香　　型】浓香

【开 花 性】多季开花

蓝河的整体花色为淡紫色，花芯部分为蓝紫色，外瓣带有一圈紫红色晕染。随着时间推移，花朵的蓝紫色会淡化为粉红色。花朵耐雨淋，花朵直径10~13厘米，果香浓郁。

植株高度90~120厘米，生长茂盛。在炎热、干燥的天气条件下，蓝河也可以缓慢开放，但花色会变为银色、灰色和紫色的结合。蓝河的亲本为蓝月和佐丽娜。

蓝河是一个多刺的品种，枝干下部刺最为密集。

佐丽娜是原产于美国的一个丰花品种，花朵直径8~10厘米，花色为橙色或橙红色。

佐丽娜

加百列大天使

【英 文 名】Gabriel

【原 产 地】日本

【花　　型】重瓣

【香　　型】浓香

【开 花 性】多季开花

加百列大天使简称“大天使”，是河本纯子于2008年培育成功的。花朵直径6~8厘米，杯状花型，花瓣带有“美人尖”，盛开过程中会卷边。花香为浓郁的柠檬香。花瓣轻盈美丽，但非常耐雨淋和耐晒。

加百列大天使的植株强壮，环境适应性强，在光线较差的环境中也能生长。

爽

【原 产 地】日本

【花　　型】重瓣

【香　　型】浓香

【开 花 性】多季开花

爽也是由日本的育种大师河本纯子培育而成的。花朵为很干净的紫色，带有清爽的玫瑰香气。

爽的株形半直立，分枝性良好，枝条细软。花朵直径6~8厘米，整体显得淡雅清新，但不耐开，很容易散。爽的植株抗病性一般，容易感染黑斑病和白粉病。气温低时，花朵容易畸形。

波图紫杯

【英 文 名】Porto purple cup

【别　　名】紫砂杯

【原 产 地】日本

【花　　型】重瓣

【香　　型】中度

【开 花 性】多季开花

外瓣有一抹淡淡的绿色。

嫣然

【花　　型】重瓣

【香　　型】淡香

【开 花 性】多季开花

嫣然植株高60~80厘米，花茎粗壮，花朵直径8厘米，高杯状花型，花苞紧实。花色为粉紫色，外瓣颜色略深，香味淡雅，花期长。花瓣质地坚硬，耐雨淋。

它的缺点是对生长环境的要求比较高，生长周期偏长。

紫雾凝霜

夜光杯

路西法

【英 文 名】Lucifer

【别　　名】光之使者

【原 产 地】日本

【花　　型】重瓣

【香　　型】浓度

【开 花 性】多季开花

路西法是河本纯子培育的一个杂交茶香品种，属“天使”系列。路西法是西方的一个宗教人物，原为天使长，后堕落成魔鬼。

路西法的植株高 90 厘米左右，花朵直径 6 厘米左右，整体花色为淡紫色，从内向外颜色逐渐变浅，有浓浓的茶香，可多季重复盛开。路西法的花朵圆润，紫色中带了一丝灰色晕染，花瓣上带有细碎的波浪边。

路西法的生长速度相对较慢，耐寒性和耐阴性较差，需要在阳光充足、温暖的环境中生长。

路西法的花瓣透光性很好。

河本纯子的“天使”系列（又叫“天堂”系列）十分有名，共包含 9 个品种，分别为天使长米迦勒、加百列大天使、光之使者路西法、治疗天使拉斐尔、炽天使撒拉弗、大地天使亚列尔、神之焰乌列、神仆天使阿比迪、翼天使艾尔斯。

路西法的花苞不耐雨淋，淋雨后不易开花。

Tips

路西法的种植方式比较多，可以用种子种植，也可以用扦插的方式种植，还可以用嫁接的方式种植。只要后期管理合理，三种方式的植株成活率都较高。

加百列大天使
天使长米迦勒
炽天使撒拉弗
大地天使亚列尔
神仆天使阿比迪
治疗天使拉斐尔
神之焰乌列
翼天使艾尔斯

海王星

【英 文 名】Neptune

【原 产 地】美国

【花　　型】重瓣

【香　　型】浓香

【开 花 性】多季开花

海王星的植株高 120~150 厘米，花朵初开为粉紫色，盛开后变为淡紫色，天阴时，色调会偏灰。

花朵直径可以达到 13 厘米，属杂交茶香类，花香为浓郁的茶香和玫瑰香的混合，花型为半剑瓣高芯型。

薰衣草色是玫瑰世界中最不抗病的颜色，该色的品种常常会受到病虫害的侵扰。但海王星是个例外，它非常抗病，且耐寒性佳，是薰衣草色品种中具有里程碑意义的作品。

紫禁城

【花　　型】重瓣

【香　　型】浓香

【开 花 性】多季开花

花朵的颜色为紫红色或深紫色，夏季颜色较为鲜艳，春秋季节则偏紫。枝条纤细但较硬，因而直立性较好，花朵不易垂头，花茎长，刺少，是很优良的切花品种。紫禁城比较明显的缺点是易生“鼻毛”，散得快。

空蒙

【原 产 地】中国

【花　　型】重瓣

【香　　型】浓香

【开 花 性】多季开花

花瓣较薄，怕晒，需要充足的水分来延长花期。

空蒙植株高约 90 厘米，生长速度较快，攀爬性好，枝条柔软，可塑性强。花朵直径 6~8 厘米，花色为香芋紫色，散发着浓郁的大马士革玫瑰香气，过敏人群应注意躲避。

花朵不耐雨淋，雨多季节易得黑斑病。

Tips

在夏季高温时节，空蒙月季适合在半阴环境中生长，不能耐受全日照。

蓝色绒球

【英 文 名】Blue Pompon

【原 产 地】德国

【花　　型】重瓣

【香　　型】淡香

【开 花 性】多季开花

蓝色绒球由德国科德斯公司培育，2014 年问世。花瓣为浅紫色，花芯为深紫色，可以一年四季持续开花，复花性好，花量大。花朵直径约 8 厘米，散发着淡淡的香味。

蓝色绒球的植株高 140 厘米左右，直立性好，对白粉病的抗性非常强。

寂静

【英 文 名】Silence

【原 产 地】日本

【花　　型】重瓣

【香　　型】中度

【开 花 性】多季开花

寂静的颜色和蓝色绒球相似，为蓝紫色，但更暖一些。

寂静的植株高约 80 厘米，花朵直径 8~10 厘米，花瓣数量很多，单朵花期一个星期左右。它的花在没开放时为包子状，在盛放后会变为高杯状，花开散后也不会焦边，观赏性极佳。

蓝色狂想曲

【英 文 名】	Rhapsody in Blue
【原 产 地】	英国
【花　　型】	半重瓣
【香　　型】	浓香
【开 花 性】	多季开花

蓝色狂想曲株型直立、紧凑，开花枝粗壮，叶片油亮，抗病性强。花朵直径 7 厘米左右，花瓣数量比较少，花香为浓郁的玫瑰香。随着时间推移，蓝色狂想曲的花色会从紫色转为蓝紫色。

花瓣不是很多，但却很“包”，只是有时略显不够饱满。

蓝色风暴

【英 文 名】	Shinoburedo
【别　　名】	暗恋的心
【原 产 地】	日本
【花　　型】	重瓣
【香　　型】	中度
【开 花 性】	多季开花

蓝色风暴的花朵在阳光下会散发出淡紫色的光芒。花瓣排列有序，整体显得优雅大方。它开花性强，常常是四五个花苞同时开放。它的香气浓淡适宜。

蓝色风暴的繁殖能力较强，很容易通过扦插等方式进行繁殖。

Tips

为了维持蓝色风暴的颜色，可以使用含有花青素的肥料。同时，避免将其种植在强光下，因为强光可能会加速花青素的分解。

蓝色梦想

【英 文 名】	Blue For You
【原 产 地】	英国
【花　　型】	半重瓣
【香　　型】	浓香
【开 花 性】	多季开花

蓝色梦想是一个很流行的品种，花朵不大，花朵直径约 5 厘米，半重瓣，花朵初开时花色为淡紫色，之后会变为石板蓝色，开花时会散发浓郁的水果香。它抗寒性、耐热性和抗病性都非常优秀，很好养护。

薰衣草花环

【英 文 名】Lavender Bouquet

【原 产 地】德国

【花　　型】重瓣

【香　　型】淡香 / 无香

【开 花 性】多季开花

花语：等诗爱情。

它的枝条细长、光滑且柔软，几乎无刺，可以编织成花环、花篮和花架等。

薰衣草花环是一个高大的品种，植株可以长到 3 米左右，长势强劲，但分枝性较差，有时会“懒花”。

花色会随阳光照射强度和季节而有所变化：在春季偏褐色，在秋季偏紫色。薰衣草花环的花型为莲座状，花朵直径约 6 厘米，花瓣数量 25~35 片，它的香味很淡雅，有时甚至没有香味。

隐隐青

隐隐青整体呈现出薰衣草色，宽大的外瓣近白色，使得它的色彩富有层次和变化。

紫晶巴比伦

【英 文 名】Amethy Babylon

【原 产 地】荷兰

【花　　型】半重瓣

【香　　型】中度

【开 花 性】多季开花

紫晶巴比伦又叫紫晶巴比伦眼睛，它的花朵直径6厘米左右，初开为杯状，全开后为扁平状，可四季开花，花香为中度的甜香，花量多，群开效果相当不错。

植株抗病能力强，长势快，耐热性好。

紫晶巴比伦的花朵是淡紫色的，中间有心形斑。

“巴比伦眼睛”系列的血统源自波斯蔷薇。

“巴比伦眼睛”系列共有12个品种，比较有代表性的有时尚巴比伦眼睛、阳光巴比伦眼睛、别致巴比伦眼睛和紫晶巴比伦眼睛。

时尚巴比伦眼睛为2017年国际新玫瑰皇家竞赛银奖得主。

阳光巴比伦眼睛在2014年德国巴登玫瑰大赛上获得铜牌。

别致巴比伦眼睛在2017年巴塞罗那国际新玫瑰大赛上获得最具活力品种奖。

橙玫瑰的花语：感恩、祝福。

橙玫瑰

温暖与温馨

它的叶子浓绿油亮，极富生机。

玛格丽特王妃

【拉丁学名】	*Rosa* ‘Princess Margareta’
【英 文 名】	Crown Princess Margareta
【别　　名】	太子妃玛格丽特
【原 产 地】	英国
【花　　型】	重瓣
【香　　型】	淡香
【开 花 性】	多季开花

玛格丽特王妃的花朵为典型的四等分杯状花型，花朵直径可达 12 厘米，花瓣排列紧致，一片片包裹在一起，花朵饱满，十分美丽。花香为水果的甜香混合淡淡的茶香。

它的生长速度惊人，每年能长两米左右，两年的时间就可以形成花墙、花柱，是人们打造“网红”打卡地的理想选择，有“花墙神器”之称。

浪漫橙色

【英 文 名】	Orange Romantica
【原 产 地】	法国
【花　　型】	重瓣
【香　　型】	淡香 / 无香
【开 花 性】	多季开花

浪漫橙色的花型为高杯状，有人形象地称它为“蛋挞”。花朵饱满，花朵直径 10~12 厘米，超级耐开，带有淡淡的柑橘味或无香味。枝条直立性好，叶片厚实油亮。

卡罗琳骑士

【英 文 名】Carolyn Knight

【原 产 地】英国

【花　　型】重瓣

【香　　型】浓香

【开 花 性】多季开花

花瓣很多，每朵花最多可有90片花瓣。

这款花是以大卫·奥斯汀公司员工卡罗琳·奈特的名字命名的，以表彰她在苗圃事业中所作的杰出贡献。

卡罗琳骑士植株高约120厘米，花朵直径9~12厘米，颜色为华丽的橙色，具有浓郁的没药香混合茶香的味道。

Tips

卡罗琳骑士的抗病能力一般，直立性偏差，不耐阴，在养护过程中要对这三个方面多加注意。

卡罗琳骑士是夏日之歌的芽变品种，两者生长习性完全相同，但颜色不同。

夏日之歌

外瓣边缘带有橘红色，很有辨识性。

枝条上刺较多。

约旦河

【英 文 名】Jordan River

【花　　型】重瓣

【香　　型】淡香 / 无香

【开 花 性】多季开花

约旦河的植株直立性好，枝条粗壮，主体花色为橙黄色。它的香气很淡，有时甚至完全没有香味。

永远的那不勒斯

【英 文 名】Naples Forever

【原 产 地】丹麦

【花　　型】重瓣

【香　　型】淡香

【开 花 性】多季开花

“永远”系列（“永恒”系列）和“阳台”系列，都非常适合阳台种植，也是种植范围最广的两个阳台系列品种。

永远的那不勒斯具有复古的红橙黄渐变色调，花色会随温度变化：温度低时，整体花色偏酒红色；温度高时，整体花色偏橙色。植株矮小，高度在40厘米左右，花朵直径6厘米左右，单朵花期一个星期以上。

永远的那不勒斯分枝性好，具有很强的抗病性，唯一的不足是香味不够突出。

花语：爱上你是我今生最大的幸福，我只钟情于你。

蜜桃雪山为“雪山”系列之中的一个品种，具有温婉高贵的气质，经常在皇室加冕、婚礼等仪式上出现。

蜜桃雪山的香气为淡淡的玫瑰香。

蜜桃雪山的花苞呈尖桃形。

花型为高杯状，花朵直径8~10厘米，多头开放，开放时中心部分会突起。花瓣微卷，轻盈且柔软，花色会随气温的变化而改变。

蜜桃雪山

【英 文 名】Peach Avalanche

【别　　名】香槟玫瑰、香槟金

【原 产 地】荷兰

【花　　型】重瓣

【香　　型】淡香

【开 花 性】多季开花

金辉

【原 产 地】中国

【花　　型】重瓣

【香　　型】浓香

【开 花 性】多季开花

金辉的花色为橙色带红边，花型高芯杯状。

金辉是一个大花品种，花朵直径 10~13 厘米。它一年可以开花 3~4 次，开放时间为春末至秋末。单花花期较长，夏天可以开放一个星期以上，适宜温度下甚至能开放两个星期以上。它的枝条粗壮直立，叶片深绿革质，整体观赏性很高，比较适用于庆典、婚礼等喜庆场合。

Tips

金辉的植株比较适合在明亮的地方生长，否则叶片容易长黑斑。

花语：愿你开怀每一天。

假日公主

【英 文 名】Queen's Day

【花　　型】重瓣

【香　　型】中度

【开 花 性】多季开花

它的花色为橙汁一样的橙黄色，花瓣外翻带有褶边，花型很端庄。

假日公主的花茎长 60~70 厘米，属花茎比较长的品种。

Tips

假日公主是浅根性植物，喜欢阳光，耐寒，耐旱，适应性比较强，但在遮阴和通风不良的地方生长欠佳，不爱开花。

花瓣正面为橙色，
背面为亮黄色。

叶子偏革质，表面
光滑翠绿，有光泽。

铜管乐队

【英 文 名】Brass Band

【原 产 地】美国

【花　　型】重瓣

【香　　型】淡香

【开 花 性】多季开花

铜管乐队成年植株高 1 米左右，生长旺盛，开花能力强，一根枝条上可开二十几朵花。株型紧凑圆润，分枝性很好，花朵直径 6~8 厘米，花瓣边缘呈波浪状，花香为老玫瑰香与蜂蜜甜香的混合香。

单花花期比较长，春花和秋花可开放 10 天以上。它十分耐热、耐晒，在气温 30℃以上时仍能持续开放，且花型、花色不变。

永远的艾帕索

【英 文 名】El Paso Forever

【原 产 地】丹麦

【花　　型】重瓣

【香　　型】中度

【开 花 性】多季开花

花瓣带有波浪边，呈螺旋状排列，外面的花瓣带有“美人尖”。

永远的艾帕索为“永远”系列（“永恒”系列）当中的一个品种。花朵大而饱满，直径可达 10 厘米以上，不易垂头。花色是橙红色、橙黄色与金黄色的组合。植株高度在 40 厘米左右，株型紧凑，侧枝多，无刺，短枝开花，叶片油亮，好打理。

永远的艾帕索的花香为老玫瑰香，在气温低时，香气会更加浓郁。

永远的艾帕索没有固定的花期，要是养护得当，它可以四季开花。

从永远的艾帕索的英文名我们可以知道，它与艾帕索（El Paso）这个地方存在着某种关联。艾帕索位于美国得克萨斯州最西端，北临新墨西哥州拉斯克鲁塞斯，南与墨西哥奇瓦瓦州华雷斯一河相隔。

夏洛特夫人

【英 文 名】Lady of Shalott

【原 产 地】英国

【花　　型】重瓣

【香　　型】中度

【开 花 性】多季开花

夏洛特夫人的花蕾为橙红色。

花苞比较大，上面带了一抹红色。

夏洛特夫人是英国大卫·奥斯汀公司培育的品种。夏洛特夫人植株高1~3米，花朵直径6~8厘米，是名副其实的“开花机器”，分枝性好，一枝多头且无盲枝，不仅花量大，而且一年四季都可开花。味道为果香和丁香的混合香，甜蜜而耐人回味。

夏洛特夫人的刺较多且硬，修剪时要多加注意。

1993年，大卫·奥斯汀公司推出了一个名为夏洛特·奥斯汀的品种。该品种的花朵呈包子状，非常耐开。我国一般称其为夏洛特先生。应注意将夏洛特·奥斯汀与夏洛特夫人区别开来。

夏洛特·奥斯汀

Tips

夏洛特夫人在开花时对光照和水分的需求量比较大，在养护过程中，一定要注意及时浇水和保证充足的光照。

土星王阳台

【英 文 名】Saturnus King Terrazza

【原 产 地】荷兰

【花　　型】重瓣

【香　　型】中度

【开 花 性】多季开花

土星王阳台的植株矮小强壮，适合阳台种植，花色与我们从太空中看到的土星的颜色相似。花大且有好闻的玫瑰香味，分枝能力强，直立性好，枝条少刺，叶色翠绿。

辉煌

【英 文 名】Brilliant Rose

【原 产 地】德国

【花　　型】重瓣

【香　　型】淡香

【开 花 性】多季开花

辉煌具有很强的适应性，耐旱，耐寒，耐高温，抗病性也较强。除了橙色，辉煌还有花芯偏橙色而外部有少许粉色花瓣的品种。

辉煌的花色橙中带金，花瓣呈螺旋状排列。

Tips

辉煌喜欢温暖湿润、阳光充足的环境。枝条生长十分旺盛，需定期修剪以保持株型美观。

花朵呈圆杯状。

花瓣上带有些许红色。

火焰

【英 文 名】Estoril

【别　　名】永远的埃斯托里尔

【原 产 地】丹麦

【花　　型】重瓣

【香　　型】无香

【开 花 性】多季开花

火焰是“永远”系列（“永恒”系列）品种之一，植株较小，适合阳台栽种。它的花朵大小适中，每个枝条都能开出许多花朵，群体开花时，景观效果极佳。

甜蜜生活

【拉丁学名】*Rosa*‘La Dolce Vita’

【原 产 地】法国

【花　　型】重瓣

【香　　型】淡香 / 无香

【开 花 性】多季开花

甜蜜生活为球状开花形式。

甜蜜生活植株不大，成年植株只有 40~60 厘米高，非常适合小花园、阳台、露台种植。

甜蜜生活耐寒，耐晒，不易落叶，喜好全日照，花朵可多头多季重复集群式开放。

欢笑格鲁吉亚

【英 文 名】Teasing Georgia

【别　　名】逗趣的乔治娅

【原 产 地】英国

【花　　型】重瓣

【香　　型】浓香

【开 花 性】多季开花

花朵通常呈杯状或碗状。

欢笑格鲁吉亚的花初开时偏橙黄，开花之后会慢慢褪色，花朵直径9厘米左右。花瓣数量多，排列紧密，边缘略带褶皱，增强了花朵的层次感和立体感。

枝条比较硬，刺大且多，属于典型的“狼牙棒”品种。

欢笑格鲁吉亚是以德国著名演员乌尔里希·梅尔的妻子格鲁吉亚的名字命名的。

它多头开花，春季花量最大，其他季节花量要少一些，花朵具有浓郁的柠檬香。它的花朵不耐开，花期一般只有3天。枝条攀缘能力极佳，很适合用来打造花墙或花拱门。

Tips

欢笑格鲁吉亚易生黑斑病，要注意避雨。如果叶片出现类似右图的症状，要及时采取措施进行治疗。

生了黑斑病的欢笑格鲁吉亚叶片

外瓣宽大，带有小小的“美人尖”。

内瓣呈莲座状排列。

炽炎

【原 产 地】中国

【花　　型】重瓣

【香　　型】淡香

【开 花 性】多季开花

炽炎为我国知名育种专家姜正之培育的品种。花色为深橙色，开放到后期会稍微褪色。花朵直径 6~8 厘米，中等大小。花朵比较“包”，花型不松散，耐开。枝条柔软、细弱，花朵极易垂头。耐热性较差，也怕雨淋。

花语：热爱生活，充满欢乐。

外瓣上有红橙色的渐变。

欢乐颂

【别　　名】瑟兰

【原 产 地】荷兰

【花　　型】重瓣

【香　　型】无香

【开 花 性】多季开花

欢乐颂的花色以橙色为主。花朵直径 8 厘米左右，花瓣多层且厚实，花茎笔直且少刺，瓶插时间可达 15 天左右。

关于欢乐颂玫瑰的传说

传说，有一位善良的仙子居住在一个美丽的玫瑰园中。有一年，玫瑰园所在的地方遭遇了一场可怕的灾难，人们陷入了痛苦与绝望之中。仙子为了给人们带来希望和欢乐，便施展魔法让玫瑰园中的欢乐颂玫瑰绽放出无比绚烂的光芒。

人们看到这一神奇的景象，心中重新燃起了希望，齐心协力战胜了灾难。从此，欢乐颂玫瑰就成了幸福与欢乐的象征。

艾玛·汉密尔顿夫人有“英伦第一美女”之称，她曾是特拉法加海战英国舰队主帅纳尔逊的爱人。

电影《汉密尔顿夫人》的海报。这部电影讲述了汉密尔顿夫人与纳尔逊将军的传奇爱情故事。

艾玛·汉密尔顿夫人的叶片是深铜绿色的，这一点在新叶上体现得尤为明显。

艾玛·汉密尔顿夫人

【英 文 名】Lady Emma Hamilton

【原 产 地】英国

【花　　型】重瓣

【香　　型】浓香

【开 花 性】多季开花

艾玛·汉密尔顿夫人，简称“艾玛夫人”，是大卫·奥斯汀为纪念特拉法加海战而培育的品种。花朵的主色调是橙色。

它以香气而闻名，它的香气是混合了梨、葡萄、柑橘等水果气味的浓香，有时还会出现番石榴与荔枝的清香。

果汁阳台

【英 文 名】Juicy Terrazza

【原 产 地】荷兰

【花　　型】重瓣

【香　　型】中度

【开 花 性】多季开花

果汁阳台的花苞多，花量大，花色富于变化：花色会从荧光橙变为橙色，之后变成粉色，最后变成白色。因此，同一株果汁阳台上常同时出现不同颜色的花。果汁阳台的香味是水果香加清新的花香。

果汁阳台的花瓣非常薄，有种朦胧感。

果汁阳台的植株比较小，枝茎坚韧，叶片也不是很多。

Tips

因果汁阳台具有勤花且花量大的特性，所以它对水和肥料的需求量相对较大。在养护过程中，需要保持盆土处于微微湿润的状态，并及时补充肥料。

蜂蜜焦糖

【英 文 名】Honey Caramel

【原 产 地】法国

【花　　型】重瓣

【香　　型】淡香

【开 花 性】多季开花

叶片呈蜡质，抗病性好。

蜂蜜焦糖的花色以橙色和金黄色为主，枝条长势强劲，适应性和抗病性好，花朵直径 5~6 厘米，单朵花期 7~8 天。

国王日

【英 文 名】King's Day

【原 产 地】荷兰

【花　　型】重瓣

【香　　型】淡香

【开 花 性】多季开花

花语：爱与美，勇敢。

国王日的花瓣色泽饱满，边缘带有大波浪边。

国王日又名老橙意，为高脚杯状，花色为非常纯正的橙色，在花朵盛开后期，容易出现颜色变淡的情况，边缘部分可能会泛白。国王日的花瓣数量较少，花朵直径 6~8 厘米。它的香味较淡，有一股淡淡的柑橘果香。

国王日的株型紧凑，高 110 厘米左右，直立性较好。它较耐寒，适宜北方地区培育种植。

国王日的耐热能力和耐晒能力都很不错，即使在炎热的天气条件下也能保持良好的生长状态。

国王日的复花性能也非常出色，花朵凋谢后能迅速再次开花。

Tips

国王日在生长过程中容易受到病原菌的侵袭，从而出现花朵腐烂、枝条流淌汁液等现象，养护过程中要多加注意。

King's Day

有老橙意就有新橙意，但这二者之间并无承继关系。新橙意是 2020 年日本培育出来的一个品种，也叫“橙子”和“橙心橙意”，花朵呈包子状，花朵直径 8~10 厘米。花瓣数量较多，正面为亮橙色，背面为橙黄色。

新橙意

浪漫宝贝

【英 文 名】Baby Romantica

【原 产 地】法国

【花　　型】重瓣

【香　　型】浓香

【开 花 性】多季开花

叶片油亮，有光泽，可以常年保持绿色。

浪漫宝贝的植株生长能力非常强，成年植株可以长到4米高，株型紧凑，花量大，一根枝条可绽放百余朵花。浪漫宝贝的花色为橙色与粉色的结合，开放后期整体花色会偏黄。花朵呈小包子状，花朵直径6~7厘米。

浪漫宝贝目前有两个芽变品种，分别为浪漫比克和芒果浪漫。

浪漫比克

浪漫比克的花朵直径在5厘米左右，花色为红、橙、粉三色混合。

芒果浪漫

芒果浪漫花朵直径8厘米左右，外层花瓣呈深粉色，内层花瓣呈橙色，花朵完全打开时外层花瓣会变成浅粉色。